"十二五"职业教育国家规划立项教材

 国家卫生和计划生育委员会"十二五"规划教材

全国中等卫生职业教育教材

供医学检验技术专业用　　　　第3版

分析化学基础

主　编　朱爱军

副主编　戴惠玲

编　者（按姓氏笔画排序）
王　虎（广西玉林市卫生学校）
朱爱军（定西师范高等专科学校）
刘红斌（四川省内江医科学校）
李　勤（重庆市医药卫生学校）
何文涛（河西学院）
何应金（江西省赣州卫生学校）
范红艳（运城护理职业学院）
浦绍且（云南省临沧卫生学校）
接明军（山东省莱阳卫生学校）
戴惠玲（新疆伊宁卫生学校）

人民卫生出版社

图书在版编目（CIP）数据

分析化学基础 / 朱爱军主编 . —3 版 . —北京:人民卫生出版社，2015

ISBN 978-7-117-21605-0

Ⅰ. ①分… Ⅱ. ①朱… Ⅲ. ①分析化学 – 中等专业学校 – 教材 Ⅳ. ①O65

中国版本图书馆 CIP 数据核字（2015）第 250244 号

人卫社官网　www.pmph.com	出版物查询，在线购书
人卫医学网　www.ipmph.com	医学考试辅导，医学数据库服务，医学教育资源，大众健康资讯

分析化学基础
第 3 版

主　　编：朱爱军
出版发行：人民卫生出版社（中继线 010-59780011）
地　　址：北京市朝阳区潘家园南里 19 号
邮　　编：100021
E - mail：pmph @ pmph.com
购书热线：010-59787592　010-59787584　010-65264830
印　　刷：北京汇林印务有限公司
经　　销：新华书店
开　　本：787 × 1092　1/16　印张：10
字　　数：250 千字
版　　次：2002 年 7 月第 1 版　2016 年 1 月第 3 版
　　　　　2023 年 1 月第 3 版第 12 次印刷（总第 26 次印刷）
标准书号：ISBN 978-7-117-21605-0/R · 21606
定　　价：28.00 元
打击盗版举报电话：010-59787491　E-mail: WQ @ pmph.com
（凡属印装质量问题请与本社市场营销中心联系退换）

为全面贯彻党的十八大和十八届三中、四中、五中全会精神,依据《国务院关于加快发展现代职业教育的决定》要求,更好地服务于现代卫生职业教育快速发展的需要,适应卫生事业改革发展对医药卫生职业人才的需求,贯彻《医药卫生中长期人才发展规划(2011—2020年)》《现代职业教育体系建设规划(2014—2020年)》文件精神,人民卫生出版社在教育部、国家卫生和计划生育委员会的领导和支持下,按照教育部颁布的《中等职业学校专业教学标准(试行)》医药卫生类(第二辑)(简称《标准》),由全国卫生职业教育教学指导委员会(简称卫生行指委)直接指导,经过广泛的调研论证,成立了中等卫生职业教育各专业教育教材建设评审委员会,启动了全国中等卫生职业教育第三轮规划教材修订工作。

本轮规划教材修订的原则:①明确人才培养目标。按照《标准》要求,本轮规划教材坚持立德树人,培养职业素养与专业知识、专业技能并重,德智体美全面发展的技能型卫生专门人才。②强化教材体系建设。紧扣《标准》,各专业设置公共基础课(含公共选修课)、专业技能课(含专业核心课、专业方向课、专业选修课);同时,结合专业岗位与执业资格考试需要,充实完善课程与教材体系,使之更加符合现代职业教育体系发展的需要。在此基础上,组织制订了各专业课程教学大纲并附于教材中,方便教学参考。③贯彻现代职教理念。体现“以就业为导向,以能力为本位,以发展技能为核心”的职教理念。理论知识强调“必需、够用”;突出技能培养,提倡“做中学、学中做”的理实一体化思想,在教材中编入实训(实验)指导。④重视传统融合创新。人民卫生出版社医药卫生规划教材经过长时间的实践与积累,其中的优良传统在本轮修订中得到了很好的传承。在广泛调研的基础上,再版教材与新编教材在整体上实现了高度融合与衔接。在教材编写中,产教融合、校企合作理念得到了充分贯彻。⑤突出行业规划特性。本轮修订紧紧依靠卫生行指委和各专业教育教材建设评审委员会,充分发挥行业机构与专家对教材的宏观规划与评审把关作用,体现了国家卫生计生委规划教材一贯的标准性、权威性、规范性。⑥提升服务教学能力。本轮教材修订,在主教材中设置了一系列服务教学的拓展模块;此外,教材立体化建设水平进一步提高,根据专业需要开发了配套教材、网络增值服务等,大量与课程相关的内容围绕教材形成便捷的在线数字化教学资源包,为教师提供教学素材支撑,为学生提供学习资源服务,教材的教学服务能力明显增强。

　　人民卫生出版社作为国家规划教材出版基地,有护理、助产、农村医学、药剂、制药技术、营养与保健、康复技术、眼视光与配镜、医学检验技术、医学影像技术、口腔修复工艺等 24 个专业的教材获选教育部中等职业教育专业技能课立项教材,相关专业教材根据《标准》颁布情况陆续修订出版。

医学检验技术专业编写说明

2010年，教育部公布《中等职业学校专业目录(2010年修订)》，将医学检验专业(0810)更名为医学检验技术专业(100700)，目的是面向医疗卫生机构，培养从事临床检验、卫生检验、采供血检验及病理技术等工作的、德智体美全面发展的高素质劳动者和技能型人才。人民卫生出版社积极落实教育部、国家卫生和计划生育委员会相关要求，推进《标准》实施，在卫生行指委指导下，进行了认真细致的调研论证工作，规划并启动了教材的编写工作。

本轮医学检验技术专业规划教材与《标准》课程结构对应，设置公共基础课(含公共选修课)、专业基础课、专业技能课(含专业核心课、专业方向课、专业选修课)教材。其中专业核心课教材根据《标准》要求设置共8种。

本轮教材编写力求贯彻以学生为中心、贴近岗位需求、服务教学的创新教材编写理念，教材中设置了"学习目标""病例/案例""知识链接""考点提示""本章小结""目标测试""实训/实验指导"等模块。"学习目标""考点提示""目标测试"相互呼应衔接，着力专业知识掌握，提高专业考试应试能力。尤其是"病例/案例""实训/实验指导"模块，通过真实案例激发学生的学习兴趣、探究兴趣和职业兴趣，满足了"真学、真做、掌握真本领""早临床、多临床、反复临床"的新时期卫生职业教育人才培养新要求。

本系列教材将于2016年7月前全部出版。

9

总序号	适用专业	分序号	教材名称	版次
1	护理专业	1	解剖学基础 **	3
2		2	生理学基础 **	3
3		3	药物学基础 **	3
4		4	护理学基础 **	3
5		5	健康评估 **	2
6		6	内科护理 **	3
7		7	外科护理 **	3
8		8	妇产科护理 **	3
9		9	儿科护理 **	3
10		10	老年护理 **	3
11		11	老年保健	1
12		12	急救护理技术	3
13		13	重症监护技术	2
14		14	社区护理	3
15		15	健康教育	1
16	助产专业	1	解剖学基础 **	3
17		2	生理学基础 **	3
18		3	药物学基础 **	3
19		4	基础护理 **	3
20		5	健康评估 **	2
21		6	母婴护理 **	1
22		7	儿童护理 **	1
23		8	成人护理(上册)- 内外科护理 **	1
24		9	成人护理(下册)- 妇科护理 **	1
25		10	产科学基础 **	3
26		11	助产技术 **	1
27		12	母婴保健	3
28		13	遗传与优生	3

续表

总序号	适用专业	分序号	教材名称	版次
29	护理、助产专业共用	1	病理学基础	3
30		2	病原生物与免疫学基础	3
31		3	生物化学基础	3
32		4	心理与精神护理	3
33		5	护理技术综合实训	2
34		6	护理礼仪	3
35		7	人际沟通	3
36		8	中医护理	3
37		9	五官科护理	3
38		10	营养与膳食	3
39		11	护士人文修养	1
40		12	护理伦理	1
41		13	卫生法律法规	3
42		14	护理管理基础	1
43	农村医学专业	1	解剖学基础**	1
44		2	生理学基础**	1
45		3	药理学基础**	1
46		4	诊断学基础**	1
47		5	内科疾病防治**	1
48		6	外科疾病防治**	1
49		7	妇产科疾病防治**	1
50		8	儿科疾病防治**	1
51		9	公共卫生学基础**	1
52		10	急救医学基础**	1
53		11	康复医学基础**	1
54		12	病原生物与免疫学基础	1
55		13	病理学基础	1
56		14	中医药学基础	1
57		15	针灸推拿技术	1
58		16	常用护理技术	1
59		17	农村常用医疗实践技能实训	1
60		18	精神病学基础	1
61		19	实用卫生法规	1
62		20	五官科疾病防治	1
63		21	医学心理学基础	1
64		22	生物化学基础	1
65		23	医学伦理学基础	1
66		24	传染病防治	1

续表

总序号	适用专业	分序号	教材名称	版次
67	营养与保健专业	1	正常人体结构与功能 *	1
68		2	基础营养与食品安全 *	1
69		3	特殊人群营养 *	1
70		4	临床营养 *	1
71		5	公共营养 *	1
72		6	营养软件实用技术 *	1
73		7	中医食疗药膳 *	1
74		8	健康管理 *	1
75		9	营养配餐与设计 *	1
76	康复技术专业	1	解剖生理学基础 *	1
77		2	疾病学基础 *	1
78		3	临床医学概要 *	1
79		4	康复评定技术 *	2
80		5	物理因子治疗技术 *	1
81		6	运动疗法 *	1
82		7	作业疗法 *	1
83		8	言语疗法 *	1
84		9	中国传统康复疗法 *	1
85		10	常见疾病康复 *	2
86	眼视光与配镜专业	1	验光技术 *	1
87		2	定配技术 *	1
88		3	眼镜门店营销实务 *	1
89		4	眼视光基础 *	1
90		5	眼镜质检与调校技术 *	1
91		6	接触镜验配技术 *	1
92		7	眼病概要	1
93		8	人际沟通技巧	1
94	医学检验技术专业	1	无机化学基础 *	3
95		2	有机化学基础 *	3
96		3	分析化学基础 *	3
97		4	临床疾病概要 *	3
98		5	寄生虫检验技术 *	3
99		6	免疫学检验技术 *	3
100		7	微生物检验技术 *	3
101		8	检验仪器使用与维修 *	1
102	医学影像技术专业	1	解剖学基础 *	1
103		2	生理学基础 *	1
104		3	病理学基础 *	1

续表

总序号	适用专业	分序号	教材名称	版次
105		4	医用电子技术 *	3
106		5	医学影像设备 *	3
107		6	医学影像技术 *	3
108		7	医学影像诊断基础 *	3
109		8	超声技术与诊断基础 *	3
110		9	X 线物理与防护 *	3
111	口腔修复工艺专业	1	口腔解剖与牙雕刻技术 *	2
112		2	口腔生理学基础 *	3
113		3	口腔组织及病理学基础 *	2
114		4	口腔疾病概要 *	3
115		5	口腔工艺材料应用 *	3
116		6	口腔工艺设备使用与养护 *	2
117		7	口腔医学美学基础 *	3
118		8	口腔固定修复工艺技术 *	3
119		9	可摘义齿修复工艺技术 *	3
120		10	口腔正畸工艺技术 *	3
121	药剂、制药技术专业	1	基础化学 **	1
122		2	微生物基础 **	1
123		3	实用医学基础 **	1
124		4	药事法规 **	1
125		5	药物分析技术 **	1
126		6	药物制剂技术 **	1
127		7	药物化学 **	1
128		8	会计基础	1
129		9	临床医学概要	1
130		10	人体解剖生理学基础	1
131		11	天然药物学基础	1
132		12	天然药物化学基础	1
133		13	药品储存与养护技术	1
134		14	中医药基础	1
135		15	药店零售与服务技术	1
136		16	医药市场营销技术	1
137		17	药品调剂技术	1
138		18	医院药学概要	1
139		19	医药商品基础	1
140		20	药理学	1

** 为"十二五"职业教育国家规划教材

* 为"十二五"职业教育国家规划立项教材

前　言

　　分析化学基础是中等卫生职业教育医学检验技术专业的专业核心课,也是医学检验技术资格考试的重要内容,是提高学生实验基本技能的主干课程。通过本课程的学习,使学生掌握分析化学的基本理论,培养学生严谨、实事求是的科学态度,树立"量"的概念,掌握有关科学实验的基本技能,为学习后续课程和参加医学检验技术工作打下良好的基础。

　　本教材的编写依据教育部颁布的《中等职业学校医学检验技术专业教学标准(试行)》,在全国卫生职业教育教学指导委员会的组织下,以现代职业教育理论为指导,始终围绕医学检验技术专业的培养目标,结合本课程在医学检验技术专业的地位和作用,确定教学内容、知识点和能力结构,注重学生职业素养的培养。既保证知识的完整性和系统性,突出岗位需要的针对性,又突显中等职业教育"必需、够用"的特点。编写内容对接行业标准,与国家卫生和计划生育委员会颁布的最新行业标准要求接轨,内容丰富,重点难点突出,文字简洁,通俗易懂,目标具体明确。

　　本教材共有 11 章,内容主要是分析化学的基本理论、基本知识和基本操作技能。包括绪论、定量分析概述、滴定分析法概述、酸碱滴定法、沉淀滴定法、配位滴定法、氧化还原滴定法、电位分析法、紫外 - 可见分光光度法、原子吸收分光光度法和色谱法。主要突出以下特色:一是以案例导入作为切入点,引领本章节的知识,增强了学生的兴趣和感性认识。二是理论与实践紧密结合,帮助学生理解分析化学的基本知识和理论。三是紧密结合医学检验技术专业课程与工作岗位。四是目标检测结合临床医学检验士、理化检验士等资格考试的要求。

　　本教材由全国 10 所高、中等卫生职业院校的 10 位专业教师合作编写而成,大多数教师是"双师型"教师。在编写过程中凝聚了全体编者的智慧和心血,同时也得到了各参编单位领导和同事的大力支持,在此一并表示诚挚的谢意。

　　本教材的编写参考和吸取了国内外有关教材、论著和文献中的理论、观点和方法,特将主要的参考文献附于书后,以表示衷心的感谢。

　　由于编者的能力和水平有限,教材难免存在疏漏之处,敬请广大师生、同仁及读者批评指正。

朱爱军

2015 年 12 月

目　录

第一章 绪 论

第一节 分析化学的任务与作用

一、分析化学的任务

分析化学是研究物质化学组成的分析方法和有关理论及技术的一门科学。分析化学的任务是鉴定物质的化学组成、测定物质中有关组分的含量以及确定物质的化学结构。

知识链接

IUPAC 关于分析化学的定义

分析化学是"建立和应用各种方法、仪器和策略获取关于物质在空间和时间方面的组成和性质的信息的科学"。

二、分析化学的作用

分析化学是研究物质及其变化的重要方法之一。任何科学研究,只要涉及化学现象,分析化学常作为一种工具而被运用到其研究工作中去。例如生物、食品、医药、农业、材料、能源、环境等科学领域,都需要分析化学提供大量的信息。分析化学被称为工农业生产的"眼睛",国民经济和科学技术发展的"参谋",是进行科学研究的重要手段。

在医药卫生方面,如药品鉴定、新药研制、生化检验、临床检验、食品卫生检验、环境分析等,都需要分析化学的理论知识与技术。近年来,随着医学科学技术的飞速发展,医学检验的方法和技术也在不断更新,在检验过程中常常使用分析化学的各种方法对人体各种试样进行分析。如果没有分析化学为完成这些工作提供数据,要想有效地预防、诊断和治疗疾病,达到保障人民健康的目的,是难以实现的。医学检验的形成和发展,就是分析化学向医学渗透的结果。因此分析化学在医学检验中有着极其重要的作用。

分析化学是中等卫生学校医学检验技术专业的核心课。学习分析化学,不仅能掌握分析化学的基本方法、基本理论及操作技能,而且还将学到科学研究的方法,为学习医学检验

1

技术的专业课程及从事医学检验技术工作奠定必要的基础。还能帮助学生树立准确的"量"的概念,培养学生严谨求实的科学态度和认真细致地进行医学检验实验的良好习惯。

第二节 分析化学方法的分类

 [案例]

尿液酸碱度测定

尿液酸碱度是反映肾脏调节体内环境体液酸碱平衡能力的重要指标之一。若尿pH低于参考值范围,多见于酸中毒、慢性肾小球肾炎、发热、糖尿病、痛风、低血钾性碱中毒、白血病等。若尿pH高于参考值范围,多见于呼吸性碱中毒、严重呕吐、尿路感染、肾小管性酸中毒、应用利尿剂等。目前,尿液酸碱度的测定,多用试带法、指示剂法、滴定法、pH计法。

请问:1. 试带法、指示剂法、滴定法、pH计法,按分析任务,分别属于哪种分析方法?

2. 滴定法、pH计法,按分析测定原理和操作方法,分别属于哪种分析方法?

分析化学的内容十分丰富,按不同的分类方法,分为不同的类型。

一、定性分析、定量分析和结构分析

按照分析任务不同,可分为定性分析、定量分析和结构分析。

1. 定性分析 定性分析的任务是鉴定物质由哪些元素、离子、原子团、官能团或化合物组成,即确定物质的各组分"是什么"。

 **考点提示**

分析方法的分类

2. 定量分析 定量分析的任务是测定物质中有关组分的含量,即确定物质中被测组分"有多少"。

3. 结构分析 结构分析的任务是确定物质的化学结构。

二、化学分析与仪器分析

按照分析测定原理和操作方法的不同,分为化学分析和仪器分析。

1. 化学分析 化学分析是以物质的化学反应为基础的分析方法。它包括化学定性分析和化学定量分析。化学定量分析又分为滴定分析和重量分析。

化学分析是分析化学的基础。它具有所用仪器设备简单,测定结果准确,应用范围广等优点。但对于微量成分的分析往往不够灵敏,也不适用于快速分析,需与仪器分析配合。

2. 仪器分析 仪器分析法是以物质的物理和物理化学性质为基础的分析方法。仪器分析主要有光学分析、电化学分析、色谱分析、质谱分析等,种类多,而且新方法不断涌现。

仪器分析法具有灵敏、快速、准确及操作自动化程度高等特点,发展很快,应用日趋广泛。

仪器分析常常是在化学分析的基础上进行的。两者是相辅相成,互相配合的。

三、常量、半微量、微量与超微量分析

根据样品用量的多少,分为常量分析、半微量分析、微量分析与超微量分析。各种分析方法的取样量见表 1-1。

表 1-1　各种分析方法的取样量

方法	试样的质量(mg)	试液的体积(ml)
常量分析	>100	>10
半微量分析	100~10	10~1
微量分析	10~0.1	1~0.01
超微量分析	<0.1	<0.01

定性分析中,常采用半微量分析方法。化学定量分析中,一般采用常量分析方法。在仪器分析中,大多数是采用微量和超微量分析方法。

四、常量组分分析、微量组分分析和痕量组分分析

根据试样中被测组分的含量多少,分为常量组分分析、微量组分分析和痕量组分分析。各种分析方法按被测组分的含量分类见表 1-2。

表 1-2　各种分析方法被测组分的含量

方　法	被测组分在试样中的含量
常量组分分析	>1%
微量组分分析	0.01%~1%
痕量组分分析	<0.01%

五、例行分析与仲裁分析

按要求不同,分为例行分析和仲裁分析。例行分析是指一般化验室日常工作的分析,又称为常规分析。仲裁分析是指不同单位对同一样品的分析结果有争执时,要求有关单位按指定的方法进行裁判的准确分析,以仲裁原分析结果的准确性。

 知识链接

标准测定方法

标准测定方法简称标准方法。其内容包括方法的适用范围、原理、试剂、仪器、采样、分析操作、结果计算和结果的数据处理以及方法的说明等。标准方法在技术上并不一定是最先进的,准确度也可能不是最高的,而是具有一定的可靠性,在一般条件下简便易行、经济实用的成熟方法。一个理想的分析方法应具有准确度高、精密度高、灵敏度高、检出限低、分析空白低、线性范围宽、基体效应小和特异性强,此外,作为一个实用的方法,还要求具有适用性强、操作简便、容易掌握、消耗费用低等。因此,标准方法不一定满足理想分析方法的要求。

第三节 分析化学的发展趋势

分析化学有着悠久的历史。进入 20 世纪,一些重大的科学发现为新方法的建立和发展提供了良好的基础。分析化学的发展经历了三次重大变革。第一次是在 20 世纪初,分析化学基础理论的发展使分析化学从一种技术变为一门科学;第二次是第二次世界大战前后,物理学和电子学的发展,促进了各种仪器分析方法的发展,改变了以经典化学分析为主的格局;第三次是 20 世纪 70 年代末开始发展至今,随着生命科学、环境科学、新材料科学、宇宙科学的发展,以及生物学、信息科学和计算机技术等的引入,分析化学进入了一个崭新的境界,分析化学已成为当代最富活力的学科之一。现代分析化学能提供各种物质的组成、含量、结构、分布、形态等全面的信息。分析化学的发展方向是高灵敏度(达到分子级、原子级水平)、高选择性(分析复杂体系)、高自动化和数字智能化等方面发展,进一步突破纯化学领域,形成多学科融合的一门综合学科。

 本章小结

1. 分析化学的任务是鉴定物质的化学组成、测定物质中有关组分的含量以及确定物质的化学结构。

2. 分析方法的分类

分类方法	类型
分析任务	定性分析、定量分析、结构分析
测定原理和操作方法	化学分析、仪器分析
样品用量	常量分析、半微量分析、微量分析、超微量分析
被测组分的含量	常量组分分析、微量组分分析、痕量组分分析
要求	例行分析、仲裁分析

(朱爱军)

 目标测试

一、单项选择题

1. 下列方法按任务分类的是
   A. 例行分析与仲裁分析　　　　　B. 定性分析、定量分析和结构分析
   C. 常量分析与微量分析　　　　　D. 化学分析与仪器分析
   E. 重量分析与滴定分析

2. 鉴定物质的组成是属于
   A. 定性分析　　　　　　B. 定量分析　　　　　　C. 结构分析
   D. 化学分析　　　　　　E. 仪器分析

3. 滴定分析法属于
   A. 重量分析　　　　　　B. 电化学分析　　　　　C. 化学分析
   D. 光学分析　　　　　　E. 色谱分析

4. 定量分析法,按试样用量可以分为常量、微量、半微量、超微量等分析方法。常量分

析的试样取用量的范围为

  A. 小于 0.1mg 或小于 0.01ml   B. 大于 0.1g 或大于 10ml

  C. 在 0.01~0.1g 或 1~10ml 之间   D. 大于 0.5g 或大于 35ml

  E. 大于 1g 或大于 100ml

二、填空题

5. 按照分析任务不同,分析方法可分为_____、_____、_____。

6. 化学定量分析分为_____、_____。

第二章　定量分析概述

学习目标

1. 掌握　误差产生的原因和表示方法;提高分析结果准确度的方法;有效数字的运算规则及应用;定量分析中的常用仪器。
2. 熟悉　定量分析的误差和偏差的计算方法。
3. 了解　定量分析的过程。

第一节　定量分析的过程

定量分析就是测定物质有关组分的相对含量。分析过程一般包括五个步骤:采集试样;试样预处理;试样的分解和分离;定量测定;分析结果的计算和评价。

一、采集试样

采样又称取样、检样、抽样,是从大批物料中采集一部分物质作为原始试样。采样原则是:试样应具有高度的代表性,即必须代表全部物料。因此应根据试样的来源、分析目的,采用科学的取样方法。如临床的血液或尿液检验,为防止某些生理因素,如吸烟、进食、运动和情绪激动等,影响其中的成分,常常在早餐前抽取患者的血液或留取患者的尿液进行化验。

二、试样预处理

固体原始试样往往含有湿存水,可置于烘箱里 100~105℃烘干至恒重。若是受热易分解的物质则采用减压风干的办法。干燥后的试样需要放在干燥器里保存待用。

三、试样的分解和分离

(一) 试样的分解

大多数情况下必须将试样制成溶液后才能进行测定,方法有溶解和熔融。

1. 溶解法　采用适当溶剂将试样溶解制成溶液。

(1) 水溶法:溶剂为水,直接溶解水溶性试样。

(2) 酸溶法:溶剂为盐酸、硝酸、硫酸、磷酸、氢氟酸及其混合酸等,利用酸性、氧化还原性和形成配合物的作用,使不溶于水可溶于酸的试样溶解。

(3) 碱溶法:溶剂为氢氧化钠、氢氧化钾、氨水等,利用碱性使试样溶解。

(4) 有机溶剂法:溶剂为乙醇、丙酮、三氯甲烷、苯等,适用于有机物的溶解。

2. 熔融法　对难溶于溶剂的试样,采用固体熔剂进行熔融,使之反应转化为易溶于溶剂的物质。

(二)干扰物质的分离

采用加入掩蔽剂或通过分离的办法,以消除干扰物质对测定的影响。常用的分离方法有:萃取法、沉淀法、挥发法、色谱法等。

四、试样的含量测定

不同分析方法各有特点,应根据实际情况选用。如根据被测组分的含量来选择:测定常量组分,可用滴定分析法和重量分析法;测定微量组分,采用灵敏度较高的各种仪器分析法。

五、定量分析结果的计算及评价

根据分析数据得到的定量分析结果一般表示方法有:①固体试样:用质量分数表示;②液体试样:用物质的量浓度、质量浓度、质量分数、体积分数表示;③气体试样:用质量浓度、体积分数表示。

对定量分析结果进行评价时,需要形成书面报告,完整的表达包括测量次数 n、测定结果的平均值 $\bar{x}$、标准偏差 s 或相对标准偏差 RSD。

第二节　定量分析的误差与分析数据的处理

案例

实验误差分析

学生在做分析化学实验时,老师观察到实验中出现了这样一些现象:①称量所用的天平未做校正;②减重称量时,不小心把少许药品抖在锥形瓶之外;③称量时动作太慢,试样在称量过程中可能被吸湿了;④只把滴定管用自来水冲洗后,就开始装标准溶液了;⑤滴定时忘了排除滴定管管尖的气泡;⑥把滴定管夹在滴定架上,眼睛仰视地去读取数据。

请问:1. 这些现象导致的误差属于哪类误差?

2. 这些误差各自有何特点?

定量分析的任务是准确测定试样组分的含量,必须使分析结果具有一定的准确度。但是分析测试总是不可避免地带有误差,误差有时会掩盖甚至歪曲客观事物的本来面貌,如果我们清楚地了解误差的属性及其产生的原因,通过对大量的实验数据进行科学的处理,就能去伪存真,得出符合客观实际的正确结论。

一、定量分析的误差

(一)误差的分类

根据误差产生的原因和性质,误差分为系统误差和偶然误差。

考点提示

误差的分类和特点

1. **系统误差(可定误差)**　系统误差由某些确定

的、经常性的原因产生。按来源分为：

（1）方法误差：由于分析方法本身所造成的。如反应条件不完善而导致化学反应进行不完全。

（2）仪器误差：由于实验仪器不精确而引起。例如用未经校准的天平称量,容量瓶和移液管不配套等。

（3）试剂误差：由于实验试剂而引起。如试剂不纯或去离子水不合格等。

（4）操作误差：由于操作者主观原因引起。如滴定分析时,操作者对滴定终点颜色变化的把握有时偏深或偏浅。

系统误差的特点是：①单向性,误差都为正或都为负；②重现性,每次测量重复出现；③误差定量或定比例。

系统误差是重复以固定形式出现的,可用加校正值的方法予以消除。

2. 偶然误差（随机误差） 偶然误差由一些难以控制的、变化无常的、不可避免的偶然因素引起,如实验室中温度、湿度、电压、仪器性能等偶然变化。

偶然误差的特点是：①不具单向性,误差正负不定；②不可测出大小；③服从统计学正态分布规律。

偶然误差的正态分布规律：①正误差和负误差出现的概率相等；②小误差出现的概率大,大误差出现的概率小,出现很大误差的概率极小；③随测定次数的增加,测量值的算术平均值将接近于真实值。

由于偶然误差产生原因不确定,故不可消除,但可采用增加平行测定次数求平均值的方法来减小。

系统误差和偶然误差的划分不是绝对的。如观察滴定终点颜色有人总是偏深（系统误差）,但多次观察终点颜色深浅程度,又不可能完全一致（偶然误差）。

此外,测定过程中有时会犯有过失,过失是一种错误,不属于误差。过失产生的原因如：标准溶液超过保存期；器皿不清洁；不严格按照分析步骤操作；操作过程中试样受到大量损失或污染；仪器出现异常未被发现等等。

过失的表现是出现离群值、极端值。不管具体原因如何,只要确知存在过失,就应将此测定值舍弃。

（二）误差的表示方法

1. 准确度与误差 准确度是指测量值与真实值的接近程度,反映了测量结果的正确性。误差是衡量准确度高低的尺度,误差有绝对误差和相对误差两种表示方法,见表2-1。

考点提示

误差与偏差的表示方法

表2-1 误差的表示

表示方法	绝对误差 E	相对误差 RE
计算公式	$E=x-T$	$RE=\dfrac{E}{T}\times100\%$
意义	测量值 x 与真实值 T 之差,正误差表示测量值偏大,负误差表示测量值偏小。	绝对误差与真实值的比值,反映了误差在测量结果中所占比例。

如用天平称取试样两份,分别为 0.1001g、0.0101g,它们的绝对误差都是 0.0001g,但相对

误差分别是$(1/1001)\times 100\%$和$(1/101)\times 100\%$,相对误差后者显然较前者大约十倍,说明测定的试样量越大,相对误差越小。在分析工作中常用相对误差来反应测量结果的准确度。

知识链接

真 实 值

样品中某一组分的含量必然有一个客观存在的真实值,但人们不可能精确的知道,只能随着测量技术的不断进步而逐渐接近它。下列情况可作为真实值:①国际单位或法定计量单位;②各元素的相对原子质量、物理化学常数;③纯物质、基准物质或标准样品;④采用多种可靠的分析方法、由具有丰富经验的分析人员经过反复测定得出的平均值;⑤若消除系统误差,且测定次数无限多($n>30$次)时的平均值。

2. **精密度与偏差** 精密度是指在相同的条件下,多次测量结果相互接近的程度。精密度反映了测量结果的重现性。偏差是衡量精密度高低的尺度,偏差越小,说明分析结果的精密度越高。偏差的表示见表2-2。

表2-2 偏差的分类

种类	绝对偏差 d	平均偏差 $\bar{d}$	相对平均偏差 $R\bar{d}$	标准偏差 s	相对标准偏差 RSD
计算公式	$d_i = x_i - \bar{x}$	$\bar{d} = \dfrac{\sum\limits_{i=1}^{n} \lvert d_i \rvert}{n}$	$R\bar{d} = \dfrac{\bar{d}}{\bar{x}} \times 100\%$	$S = \sqrt{\dfrac{\sum\limits_{i=1}^{n} d_i{}^2}{n-1}}$	$RSD = \dfrac{s}{\bar{x}} \times 100\%$
意义	单次测量值 x_i 与平均值 $\bar{x}$ 之差。	各测量值绝对偏差的算术平均值。	平均偏差占平均值的百分比。	比平均偏差更灵敏,能反映出较大偏差的存在。	标准偏差占平均值的百分比。

3. **准确度与精密度的关系** 准确度与精密度是两个不同的概念,相互之间有一定的关系,测定结果的好坏应从精密度和准确度两个方面衡量。

精密度高是保证准确度高的前提;精密度高,准确度不一定高;只有精密度和准确度都高的测量值才是可靠的。系统误差影响分析结果的准确度,偶然误差影响分析结果的精密度。如果消除或校正了系统误差,又采用多次测量求算术平均值来减小偶然误差,就能提高分析结果的准确度。

(三)提高分析结果准确度的方法

1. **选择适当的分析方法** 不同分析方法的灵敏度和准确度不同。化学分析法的灵敏度虽然不高,但对常量组分的测定能得到较准确的结果,如滴定分析法 $RE<0.2\%$。仪器分析法具有较高的灵敏度,用于微量或痕量组分含量的测定,但测定结果相对

考点提示

如何提高分析结果准确度

误差较大,如紫外-可见分光光度法 RE 为 $1\%\sim5\%$。由于人体体液的组成复杂且有关物质的含量不高,所以医学检验中常选用仪器分析法。

2. **减小测量的相对误差** 为了保证分析结果的准确度,必须尽量减小测量误差。当测量时取样量较大时,相对误差更小。如电子天平绝对误差为 ±0.0001g,减重称量需平行两次,可能引起的最大误差为 ±0.0002g,为使称量 $RE\leq0.1\%$,称样量就需要 ≥0.2g。

3. 减小测量中的系统误差　根据产生系统误差的原因,可采用对照试验、空白试验、校准仪器、回收试验等方法减小系统误差。

(1) 对照试验:指采用与试样完全相同的测量方法、条件和步骤,用已知含量的标准品替代试样进行分析测定后,再对试样与标准品的测定结果进行分析和比较,对试样测定结果进行校正。

(2) 空白试验:指采用与试样完全相同的测量方法、条件和步骤,在不加试样的情况下进行分析测定,所得的结果称为空白值,处理实验数据时,应将空白值从试样的实验数据中减去,以消除由试剂、蒸馏水及实验器皿等引起的误差。

(3) 校准仪器和量器:使用前对天平、移液管、滴定管等进行校准,可减小仪器不准确所引起的误差。

4. 减小测量中的偶然误差　根据偶然误差产生的原因和特点,可通过选用稳定性更好的仪器,改善实验环境,提高实验人员操作熟练程度,增加平行测定次数等方法来减小偶然误差。

二、有效数字及其应用

在分析测定中,为了得到准确的结果,不仅要准确地测定各种数据,还要正确地记录和计算这些数据。在记录数据和计算分析结果时,必须了解有效数字的有关内容。

(一) 有效数字的概念

有效数字是指实际能测量到的数字,包括所有准确数字和最后一位可疑数字。如分析天平称得坩埚重 18.5734g,有六位有效数字。确定有效数字时,必须遵从以下规定:

考点提示
　　有效数字的正确记录与运算

1. 有效数字的位数反映了测量结果的准确度,不能随意增减。如称得某物重为 0.5180g,相对误差为:(± 1/5180)× 100%= ± 0.02%;假如记录为 0.518g,其相对误差为:(± 1/518)× 100%= ± 0.2%,测量的相对误差后者比前者大 10 倍。所以在测量准确度的范围内,有效数字位数越多,测量也越准确。但必须按仪器精度记录有效数字,超过测量准确度的范围,过多的位数是毫无意义的。

2. "0"位于其他数字之前,表示数量级,用于定位。"0"位于其他数字之间或之后是有效数字。如 0.06010,四位有效数字,前两个"0"做定位,后两个"0"是有效数字。

3. 对于很小或很大的数字可用指数形式表示,有效数字的位数在指数形式中并未改变,单位变换时不影响有效数字位数。

$0.0038g \rightarrow 3.8 \times 10^{-3}g \rightarrow 3.8mg$　　　　　　　两位有效数字

$10.00ml \rightarrow 10.00 \times 10^{-3}L \rightarrow 0.01000L$　　　　四位有效数字

4. 对于 pH、pM、pK、lgK 等对数,有效数字的位数取决于小数部分的位数,整数部分只代表该数的方次。

pH=11.20,两位有效数字,换算成 $[H^+]=6.3 \times 10^{-12}mol/L$

5. 对非测量数字,如倍数、分数、π、e 等,它们没有不确定性,其有效位数根据需要取。

$3600 \rightarrow 3.6 \times 10^3$　　　两位有效数字

$\rightarrow 3.60 \times 10^3$　　　三位有效数字

$\rightarrow 3.600 \times 10^3$　　　四位有效数字

6. 首位为 8 和 9 时,有效数字可以多计一位。因其误差和 10 接近。如 90.0%,可看作四位有效数字。

(二)有效数字的修约规则

有效数字的修约即舍弃多余的尾数,合理保留有效数字位数。

1. 采用"四舍六入五留双"规则进行修约　多余尾数的首位≤4,舍去;多余尾数的首位≥6,进位;等于 5 时,其后数字不为 0,则进位,其后数字为 0,则视 5 前数字是奇数还是偶数,采用"奇进偶舍"方式修约。

如将下列数字都修约成四位有效数字:

$0.53664 \rightarrow 0.5366$;$0.58346 \rightarrow 0.5835$;$10.2750 \rightarrow 10.28$;$16.4050 \rightarrow 16.40$;$27.1850 \rightarrow 27.18$;$18.06501 \rightarrow 18.07$

2. 必须一次修约到位,不能分次修约。

如 $12.34567 \rightarrow 12.3$,一次修约到三位有效数字。

$12.34567 \rightarrow 12.3457 \rightarrow 12.346 \rightarrow 12.35 \rightarrow 12.4$,分四次修约到三位有效数字,导致数据偏大。

(三)有效数字的运算规则

1. 加减法　保留有效数字以小数点后位数最少,即绝对误差最大的数为依据。例如,计算 $0.0121+25.64+1.05782$ 的值,三数的绝对误差分别为:± 0.0001、± 0.01、± 0.00001。25.64 的绝对误差最大,以此数据为依据,修约成 $0.01+25.64+1.06=26.71$

2. 乘除法　保留有效数字以有效数字位数最少,即相对误差最大的数为依据。例如,计算 $0.0121 \times 25.64 \times 1.05782$ 的值,三数的相对误差分别为:

0.0121:$\pm 1/121 \times 100\%= \pm 0.8\%$

25.64:$\pm 1/2564 \times 100\%= \pm 0.04\%$

1.05782:$\pm 1/105\ 782 \times 100\%= \pm 0.0009\%$

0.0121 相对误差最大,以此数据为依据,修约成 $0.0121 \times 25.6 \times 1.06=0.328$

若用计算器运算,可以先不修约,但要求最后结果正确保留有效数字的位数。

(四)有效数字在定量分析中的应用

1. 正确记录测量数据　根据测量方法和所用仪器的精度,正确记录到所有准确数字和最后一位可疑数字。如用万分之一天平称量,记录到小数点后 4 位;用滴定管、移液管、容量瓶等仪器,记录到小数点后 2 位;精密测定 pH 值,记录到小数点后 2 位。

2. 正确表示分析结果　①常量分析结果、标准溶液的浓度,用 4 位有效数字表示。②$R\bar{d}$、s 和 RSD 取 1~2 位有效数字。③对于高含量组分(>10%)的测定结果,取 4 位有效数字;对中含量组分(1%~10%),取 3 位有效数字;微量组分(<1%),取 2 位有效数字。

课堂活动

两同学同时测定某一试样中硫的质量分数,称取试样均为 3.5g,报告结果是:甲为 0.042、0.041;乙为 0.04099、0.04201。谁的报告是合理的?为什么?

三、定量分析结果的处理

1. 一般分析结果的处理　一般定量分析平行测定次数为 3~5 次,然后求出分析结果的平均值和相对平均偏差,若 $R\bar{d} \leqslant 0.2\%$,即分析结果符合要求,否则必须重新做实验。

2. 可疑值的取舍　可疑值即异常值或离群值,对测定的平均值有很大的影响。它可能是偶然误差波动性的极度表现,也可能是由过失引起,但无明显过失,不可随意舍弃某一测定值。可疑值是保留还是舍弃,应按一定的统计学方法进行处理,常用有四倍法和Q检验法。

第三节　定量化学分析中的常用仪器

一、电子天平

(一)电子天平的结构和特点

电子天平采用的是电磁力平衡原理设计,具有体积小、使用寿命长、性能稳定、操作简便和灵敏度高等特点,还具有自动校正、自动去皮、超载显示、故障报警等功能。电子天平见图2-1。

(二)电子天平的使用方法

1. 检查天平　用小毛刷清洁天平盘,检查硅胶干燥剂是否变色失效,否则要更换。

2. 调节水平　调节天平足,使气泡位于水平仪圆环中央。

3. 开机　接通电源,按"On/Off"键,当显示器显示为"0.0000g"时,电子称量系统自检结束,可开始使用。天平长时间断电后再使用,需预热30分钟。

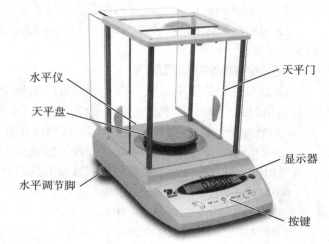

图2-1　电子天平

4. 称量　将称量物放入天平盘中央,关闭天平门,待显示稳定的数值后记录数据,打开天平门,取出称量物,关好天平门。

5. 关机　称量完毕,按"On/Off"键关闭显示器,此时天平处于待机状态。若当天不用时,需切断电源。

二、常用容量仪器

(一)滴定管

滴定管是滴定时用的量器,用来准确测定自管内流出溶液的体积。它是有准确刻度的细长玻璃管,管下端有尖嘴。常用的滴定管规格为 25ml 或 50ml,最小刻度 0.1ml,读数可估计到 0.01ml。

滴定管分为酸式滴定管和碱式滴定管。

1. 酸式滴定管　酸式滴定管带有玻璃活塞,用来盛酸、酸性溶液、氧化性或还原性溶液。酸式滴定管不能盛碱或碱性溶液。因其腐蚀玻璃,使活塞与玻套粘合,难以转动。

2. 碱式滴定管　碱式滴定管下部连有橡皮管,管内装一玻璃珠控制溶液流速,用来盛碱、碱性溶液。碱式滴定管不能盛酸或氧化性溶液。如高锰酸钾、碘、硝酸银等,因其要腐蚀橡皮。

(二)移液管(又称吸量管)

移液管是用于准确移取一定量溶液的量器,分为腹式吸管和刻度吸管。

1. **腹式吸管** 是一根细长而中间膨大的玻璃管,在管的上端有刻度线,只能量取一种体积的溶液,膨大部分标有它的容积和标定时的温度。常用的有 10ml、25ml、50ml 等规格。

2. **刻度吸管** 是带有分刻度的直型玻璃管,用它可以吸取不同体积的溶液。常用的有 1ml、5ml、10ml 等规格。

(三)容量瓶

容量瓶是用于准确配制一定体积溶液的量器。它是一种带有磨口玻塞的细颈梨形平底瓶,瓶上标有温度、容量,颈上有标线,表示在所指温度下液体凹液面与容量瓶的标线相切时,溶液体积恰好与瓶上标注的体积相等。常用的有 50ml、100ml、250ml、500ml、1000ml 等规格。

 知识链接

化学试剂的等级

化学试剂规格基本上按纯度划分,有超纯试剂、色谱纯试剂、光谱纯试剂、基准试剂、优级纯试剂、分析纯试剂等。国家颁布质量指标的化学试剂的等级规格主要有:

1. 优级纯(G.R.) 一级或保证试剂,这种试剂纯度最高,适合于精密分析和科研,实验室常用来配制标准溶液。使用绿色标签。

2. 分析纯(A.R.) 二级,纯度较高,适合于一般分析及科研,常用于定量分析和配制标准溶液,使用红色标签。

3. 化学纯(C.P.) 三级,纯度略低于二级,适用于一般分析和定性实验。使用蓝色标签。

4. 实验试剂(L.R.) 四级,纯度低,适用于实验辅助试剂。使用棕色标签。

 本章小结

1. 定量分析的过程包括:采集试样、试样预处理、试样的分解和分离、定量测定、分析结果的计算和评价。

2. 定量分析的误差分为系统误差和偶然误差;通过计算误差和偏差,比较测定结果的准确度和精密度;采用适宜的方法,提高分析结果准确度。

3. 根据分析方法和仪器正确记录数据的有效数字位数,采用"四舍六入五留双"规则对数据修约,按照有效数字运算规则对数据进行计算。

4. 定量化学分析常用仪器有电子天平、滴定管、移液管和容量瓶。

(刘红斌)

 目标测试

一、单项选择题

1. 采集试样的原则是试样具有

A. 典型性   B. 代表性   C. 统一性

  D. 随意性   E. 不均匀性

2. 一般测定无机物样品首先选择的溶剂是

  A. 水   B. 酸   C. 碱

  D. 混合酸   E. 有机溶剂

3. 下列哪种情况可引起系统误差

  A. 天平零点突然有变动   B. 试剂加错   C. 看错滴定管读数

  D. 滴定时溅失少许滴定液   E. 滴定终点和计量点不吻合

4. 偶然误差产生的原因不包括

  A. 温度变化   B. 湿度变化   C. 气压变化

  D. 实验方法不当   E. 电压变化

5. 空白试验能减小

  A. 方法误差   B. 仪器误差   C. 试剂误差

  D. 操作误差   E. 偶然误差

6. 某同学标定 NaOH 溶液浓度,4 次测定结果分别为 0.1023mol/L、0.1024mol/L、0.1022mol/L、0.1023mol/L,而实际结果为 0.1148mol/L,该测定结果

  A. 准确度较好,精密度较差   B. 准确度较差,精密度较好

  C. 准确度较好,精密度也好   D. 准确度较差,精密度较差

  E. 系统误差小,偶然误差大

7. 用 HCl 标准溶液滴定未知的 NaOH 溶液时,5 位学生记录的消耗 HCl 溶液的体积如下,正确的是

  A. 24.1000ml   B. 24.100ml   C. 24.10ml

  D. 24.1ml   E. 24ml

8. 几个数值进行乘法或除法运算时,其积或商的有效数字位数的保留,正确的是

  A. 绝对误差最小   B. 绝对误差最大   C. 相对误差最小

  D. 相对误差最大   E. 小数点后位数最少

二、填空题

9. 当测定值大于真实值时,误差为_____,表示分析结果_____;测定值小于真实值时,误差为_____,表示分析结果_____。

10. 根据误差的性质和产生的原因可将误差分为_____和_____。

11. 误差常用_____、_____表示。误差越小,表示分析结果的准确度越_____,相反,误差越大,表示分析结果的准确度越_____。

12. 精密度用_____表示,表示了测定结果的_____。_____越小,说明分析结果的精密度越高,所以_____的大小是衡量精密度高低的尺度。

13. 有效数字的修约,采取_____的原则。

三、计算题

14. 下列数据各为几位有效数字?

数据	1.052	0.0234	0.00330	10.030	pKa=4.74	1.02×10^{-3}	40.02%	0.0003%
有效数字位数								

15. 将下列数据修约成四位有效数字

修约前	28.745	26.635	10.0654	0.386550	2.3451×10^{-3}	108.445	328.45	9.9864
修约后								

16. 已知滴定管的读数误差为 0.02ml,滴定体积为 (1)2.00ml;(2)20.00ml;(3)40.00ml,则上述滴定体积的相对误差各为多少?

17. 测定试样中蛋白质的质量分数,5 次测定结果为:34.92%、35.11%、35.01%、35.19% 和 34.98%。如何正确表示测定结果报告(要求写出:n,$\bar{x}$ 和 RSD)?

第三章　滴定分析法概述

学习目标

1. **掌握**　滴定反应必须具备的条件;标准溶液浓度表示方法;滴定分析计算。
2. **熟悉**　滴定分析的分类;基准物质的条件;标准溶液的配制和标定。
3. **了解**　滴定分析法的基本术语;主要滴定方式。

第一节　滴定分析法的基本术语与主要测定方法

案例

维生素 C 含量测定

维生素 C 有防治坏血病的功能,所以在医药上常称作抗坏血酸。维生素 C 能保持巯基酶的活性和谷胱甘肽的还原状态,有解毒、促进生血等生理功能,同时也是一种辅酶。其广泛存在于植物组织中,新鲜的水果、蔬菜,特别是枣、辣椒、苦瓜、柿子叶、猕猴桃、柑橘等食品中含量尤为丰富。准确测定维生素 C 的含量对饮食健康、医疗保健都具有十分重要的意义。近年报道的维生素 C 的主要测定方法有滴定分析法、分光光度法、高效液相色谱法。其中较普遍应用的是滴定分析法,如水果、蔬菜中维生素 C 含量测定的标准方法为 2,6- 二氯酚靛酚滴定法,国家药典中维生素 C 的测定方法为碘量法。

请问:1. 什么是滴定分析法?
　　　2. 滴定分析的主要测定方法有哪几种?

一、基本术语和特点

(一) 基本术语

1. **滴定分析法**　滴定分析法又称容量分析法,是将一种已知准确浓度的试剂溶液,滴加到被测物质的溶液中,直到所加试剂溶液与被测物质按化学计量关系定量反应完全为止,根据试剂溶液的浓度和体积,计算出被测物质含量的一种定量分析方法。

NaOH 溶液的浓度测定

准确量取 20.00ml 的 NaOH 溶液,置于锥形瓶中,滴加甲基橙指示剂 2 滴,用滴定管将 0.1000mol/L HCl 溶液逐滴滴加到锥形瓶内,至锥形瓶内溶液由黄色变为橙色时停止滴定,记录 HCl 溶液消耗的体积,假设为 22.00ml。

反应式为:$NaOH+HCl \Longrightarrow NaCl+H_2O$

利用化学计量关系,根据 HCl 溶液的浓度和消耗体积,即可计算出 NaOH 的浓度为 0.1100mol/L。

2. 滴定和标准溶液 已知准确浓度的试剂溶液称为标准溶液(也称滴定液)。将标准溶液通过滴定管滴加到被测物质溶液中的操作过程称为滴定。

3. 化学计量点 当加入的标准溶液与被测组分物质的量之间正好符合化学反应方程式所表示的化学计量关系时,称反应到达化学计量点。

4. 滴定终点 许多化学反应到达化学计量点时,外观上没有明显的变化,因此,在滴定过程中,常在被测物质的溶液中加入一种辅助试剂,利用它的颜色变化指示化学计量点的到达,从而终止滴定,这种辅助试剂称为指示剂。在滴定过程中,指示剂恰好发生颜色变化的转变点称为滴定终点。

5. 终点误差 化学计量点是根据化学反应计量关系求得的理论值,而滴定终点是实际滴定时的测得值,两者往往不一致,它们之间存在很小的差别,由此造成的误差称为终点误差。为减少终点误差,应选择合适的指示剂,使滴定终点尽可能接近化学计量点。

(二) 特点

滴定分析法多用于常量分析。其特点是准确度较高,一般情况下,测定的相对误差在 0.2% 以下;另外该法所用仪器设备简单,操作方便、快速,有利于进行多次平行测定,精密度好。因而滴定分析在科学研究、生产实践和医学检验中得到广泛的应用。

二、主要测定方法

根据标准溶液和被测物质之间所发生的反应类型不同,将滴定分析法分为以下四种类型:

考点提示

滴定分析法的分类

1. 酸碱滴定法 以酸碱中和反应为基础的分析法。其滴定反应的特点是无外观变化,反应实质可用下式表示:

$$H^+ + OH^- \Longrightarrow H_2O$$

可用酸为标准溶液测定碱或碱性物质,也可用碱为标准溶液测定酸或酸性物质。

2. 沉淀滴定法 以沉淀反应为基础的分析方法。其滴定反应特点是生成难溶性沉淀,如银量法:

$$Ag^+ + X^- \Longrightarrow AgX \downarrow$$

X^- 代表 Cl^-、Br^-、I^-、SCN^- 等离子。

3. 配位滴定法 以配位反应为基础的分析方法。主要用来测定多种金属离子,其基本反应:

$$M+Y \Longrightarrow MY$$

式中 M 代表金属离子，Y 代表 EDTA 等配位剂。

4. 氧化还原滴定法　以氧化还原反应为基础的分析方法。利用氧化剂或还原剂作为标准溶液，直接测定具有氧化性、还原性物质或间接测定不具有氧化性、还原性物质的含量。目前应用较多的有高锰酸钾法、碘量法。

第二节　滴定分析法的条件与滴定方式

一、滴定反应的条件

滴定分析是以化学反应为基础的分析方法，但不是所有的化学反应都适用于滴定分析，能用于滴定分析的化学反应必须具备下列条件：

考点提示

滴定反应的条件

1. 反应必须定量进行　化学反应严格按照一定反应方程式进行完全，完全程度要求达到 99.9% 以上，无副反应发生。

2. 反应迅速　滴定反应要求在瞬间完成，如果反应速度较慢，可通过加热或加入催化剂等方法加快反应速度。

3. 被测物质中的杂质不得干扰主反应，否则应预先将杂质除去。

4. 有简便可靠方法确定滴定终点。

二、滴定方式

1. 直接滴定法　凡是能具备上述四个条件的反应，可以用标准溶液直接滴定被测物质，这类滴定方式称为直接滴定法。直接滴定法是滴定分析中最常用和最基本的滴定方式。例如以 HCl 标准溶液滴定 NaOH，以 $KMnO_4$ 为标准溶液滴定 Fe^{2+} 等都属于直接滴定法。对于不符合上述条件的反应可采用下述几种方式进行滴定。

2. 返滴定法（剩余滴定法）　对于反应物是固体或反应速度慢，加入标准溶液后不能立即定量完成或没有适当的指示剂确定终点的滴定反应，此时，可以先加入准确过量的标准溶液，待反应完全后，用另一种标准溶液滴定剩余的标准溶液。如固体碳酸钙的测定，可先加入准确过量的盐酸标准溶液，待反应完全后，再用氢氧化钠标准溶液返滴定剩余的盐酸。反应如下：

$$CaCO_3 + 2HCl（过量）\!=\!=\!=\! CaCl_2 + CO_2\uparrow + H_2O$$
$$HCl（剩余）+ NaOH \!=\!=\!=\! NaCl + H_2O$$

3. 置换滴定法　当被测组分与标准溶液的反应没有确定的计量关系或伴有副反应，这时，可加入适当试剂与被测物质反应，使其定量的置换出另一物质，这种物质能用所选的标准溶液直接滴定，这种滴定方式称为置换滴定法。例如，$Na_2S_2O_3$ 不能直接滴定 $K_2Cr_2O_7$ 等强氧化剂，因为在酸性溶液中强氧化剂将 $S_2O_3^{2-}$ 氧化，反应无确定的计量关系，故改为利用 $K_2Cr_2O_7$ 在酸性溶液中氧化 KI，置换出定量的 I_2，再用 $Na_2S_2O_3$ 标准溶液滴定 I_2。

4. 间接滴定法　当被测组分不能与标准溶液直接反应，则可以先加入某种试剂与被测物质发生反应，再用适当标准溶液滴定其中一种生成物，间接测定出被测物质的含量，这种滴定方式称为间接滴定法。例如测定试样中 $CaCl_2$ 含量时，由于钙盐不能直接与 $KMnO_4$ 标准溶液反应，可先加入过量的 $(NH_4)_2C_2O_4$，使 Ca^{2+} 定量沉淀为 CaC_2O_4，然后用 H_2SO_4 溶解，再用 $KMnO_4$ 标准溶液滴定生成的 $H_2C_2O_4$，从而可间接计算出 $CaCl_2$ 含量。

由于符合直接滴定分析法的化学反应有限,因此采用剩余滴定、置换滴定、间接滴定等滴定方式,扩大滴定分析的应用范围。

第三节　标准溶液与基准物质

一、标准溶液浓度的表示方法

(一) 物质的量浓度

物质的量浓度是指溶液中溶质 B 的物质的量(n_B)除以溶液的体积(V),简称浓度,用符号 c_B 或 $c(B)$ 表示。

其定义公式为:

$$c_B = \frac{n_B}{V} \tag{3-1}$$

如果已知 B 的质量,则计算公式为

$$c_B = \frac{m_B}{M_B V} \tag{3-2}$$

式中 n_B 为物质 B 的物质的量,单位为 mol;V 为溶液的体积,单位为 L;m_B 为 B 的质量,单位为 g;M_B 为 B 的摩尔质量,单位为 g/mol;c_B 为物质的量浓度,其单位在分析化学上常用 mol/L 或 mmol/L 表示。

例 1　0.5LNaOH 溶液中含 NaOH4.0g,计算 NaOH 溶液的物质的量浓度?

解: $c_{NaOH} = \frac{n_{NaOH}}{V_{NaOH}} = \frac{m_{NaOH}}{M_{NaOH} V_{NaOH}} = \frac{4.0}{40.00 \times 0.5} = 0.20(mol/L)$

答: NaOH 溶液的物质的量浓度 0.20mol/L。

(二) 滴定度

滴定度有两种表示方法

1. 以每毫升标准溶液中所含溶质的质量表示,符号为 T_B,其单位为 g/ml。如 T_{HCl}=0.003646g/ml,表示每毫升 HCl 标准溶液中含有 HCl 的质量为 0.003646g。

2. 以每毫升标准溶液相当于被测物质的质量表示,符号为 $T_{B/A}$,其单位为 g/ml,B 表示标准溶液的化学式,A 表示被测物质的化学式。如 $T_{HCl/NaOH}$=0.004000g/ml,表示每毫升 HCl 标准溶液相当于 NaOH 的质量为 0.004000g,也就是在滴定过程中,每毫升 HCl 标准溶液能与 0.004000g 的 NaOH 恰好完全反应。若已知滴定度,再乘以滴定过程中消耗标准溶液的体积,就可以直接计算出被测物质的质量,公式表示为:

$$m_A = T_{B/A} \cdot V_B$$

例如在滴定中消耗上述 HCl 标准溶液 21.00ml,则被测溶液中 NaOH 的质量为:

$$m_{NaOH} = T_{HCl/NaOH} \times V_{HCl}$$
$$= 0.004000g/ml \times 21.00ml = 0.08400g$$

课堂互动

1. 说出 T_{NaOH}=0.004000g/ml 表示的含义。
2. 说出 $T_{NaOH/HCl}$=0.003646g/ml 表示的含义。

二、基准物质

在滴定分析中标准溶液是不可缺少的,有些物质可以用于直接配制标准溶液或标定标准溶液的浓度,这些物质被称为基准物质。基准物质必须具备下列条件:

1. 物质的组成要与化学式完全相符,若含结晶水,其结晶水含量也应该与化学式完全相符,如草酸 $H_2C_2O_4 \cdot 2H_2O$、硼砂 $Na_2B_4O_7 \cdot 10H_2O$ 等。

2. 物质纯度要高,质量分数不低于 0.999。

3. 性质稳定,如加热干燥时不易分解,称量时不易吸湿、不吸收空气中 CO_2、不被空气氧化。

4. 具有较大的摩尔质量,以减少称量误差。

 知识链接

基准物质和标准物质

标准物质是量值的基础,要求高,应由国家权威机构提供。基准物质是由试剂生产厂(或公司)提供,但他们不能提供标准物质。基准物质是在标准物质基础上,通过比较法定值,常在滴定分析中用于直接法配制标准溶液或作为标定溶液浓度的标准物质。

三、标准溶液的配制

1. **直接配制法** 凡是符合基准物质条件的试剂,均可用直接法配制标准溶液。操作时准确称取一定量的基准物质,溶解后定量转移到容量瓶中,准确加水稀释至标线,根据基准物质的质量和溶液的体积,即可计算出标准溶液的准确浓度。

 课堂互动

如何用直接法配制 0.1000mol/L $K_2Cr_2O_7$ 标准溶液 1000ml?

2. **间接配制法** 不符合上述条件的物质,可用间接法配制。操作时先配成近似于所需浓度的溶液,再用基准物质或另一种标准溶液来确定其准确浓度。这种利用基准物质或已知准确浓度的溶液来确定标准溶液浓度的操作过程称为标定。标定可采用下列两种方式:

(1) 基准物质标定法

① 多次称量法:精密称取基准物质若干份,分别置于锥形瓶中,各加适量纯化水溶解完全,用待标定的标准溶液滴定至终点。根据基准物质的质量和待标定溶液消耗的体积,计算出标准溶液的准确浓度,最后取其平均值作为标准溶液的浓度。

② 移液管法:准确称取一份基准物质于烧杯中,加适量水使完全溶解,定量转移到容量瓶中,稀释至一定体积,摇匀。用移液管准确移取若干份该溶液分别置于锥形瓶中,用待标定的标准溶液滴定,计算出标准溶液准确浓度,最后取其平均值即可。

(2) 比较法标定:准确吸取一定体积的待标定的溶液,用已知准确浓度的标准溶液滴定;或准确吸取一定体积的已知准确浓度的标准溶液,用待标定的溶液滴定。根据两种溶液所消耗的体积及标准溶液的浓度,可计算出待标定溶液的准确浓度。这种用标准溶液来测定待标定溶液准确浓度的操作过程称为比较法标定。此方法虽然不如基准物质标定法精确,但简便易行。

标定时,无论采用哪种方法,一般要求平行测定 3~4 次,并且相对平均偏差不大于 0.2%,标定好的标准溶液应该妥善保存,对不稳定的溶液要定期进行标定。如对 NaOH、$Na_2S_2O_3$ 等不稳定的标准溶液放置 2~3 个月后,应重新标定;对 $AgNO_3$、$KMnO_4$ 等见光易分解的标准溶液应贮存在棕色瓶中。

课堂互动

请讨论:直接法和间接法配制(未标定之前)标准溶液,选择的称量仪器和测量体积的量器是否相同?

第四节 滴定分析法的计算

一、滴定分析法计算的依据

在滴定分析中,设 A 为被测物质,B 为标准溶液,其滴定反应可用下式表示:

$$bB \quad + \quad aA \quad \rightleftharpoons \quad P$$

(标准溶液)　(被测物)　　(生成物)

当反应达到化学计量点时,b mol B 恰好与 a mol A 完全反应。也就是说,当滴定达到化学计量点时,标准物质与被测物质恰好完全反应,它们的物质的量之比等于化学反应方程式中各物质的系数之比,这是滴定分析计算最根本的依据。即:

$$\frac{n_A}{n_B} = \frac{a}{b}$$

$$n_A = \frac{a}{b} n_B \tag{3-3}$$

二、滴定分析计算的基本公式

(一)标准溶液体积、浓度与被测物质体积、浓度的关系

$$c_A V_A = \frac{a}{b} c_B V_B \tag{3-4}$$

(二)标准溶液体积、浓度与被测物质质量的关系

若被测物质为固体物质,当反应达到化学计量点时,则有:

$$\frac{m_A}{M_A} = \frac{a}{b} c_B V_B \times 10^{-3} \quad \text{或} \quad m_A = \frac{a}{b} c_B V_B M_A \times 10^{-3} \tag{3-5}$$

(三)被测物含量的计算

若被测样品为固体,其组分的含量通常以质量分数表示,设 m_S 为样品的质量,m_A 为样品中被测组分的质量,ω_A 为被测组分的质量分数。

$$\omega_A = \frac{m_A}{m_S}$$

$$m_A = \frac{a}{b} c_B V_B M_A \times 10^{-3}$$

$$\omega_A = \frac{a}{b} \times \frac{c_B V_B M_A \times 10^{-3}}{m_S} \qquad (3\text{-}6)$$

注意：①上式中体积以 V ml 为单位；② ω_A 若用百分数表示，则乘以 100% 即可；③以上各式适用于直接滴定，在返滴定、置换滴定和间接滴定法中，只要按照反应方程式找出反应物和产物之间的化学计量关系，均可进行类似计算。

三、滴定分析计算示例

（一）标准溶液配制的计算

例 2 准确称取基准物质 $K_2Cr_2O_7$ 1.4231g，加适量水溶解后，定量转移至 250ml 容量瓶中，并加水稀释至刻线，摇匀。试求该 $K_2Cr_2O_7$ 标准溶液的浓度。

解：根据公式(3-2)可得：

$$c_{K_2Cr_2O_7} = \frac{m_{K_2Cr_2O_7}}{M_{K_2Cr_2O_7} \times V_{K_2Cr_2O_7}} = \frac{1.4231}{294.2 \times 0.2500} = 0.01935(\text{mol/L})$$

答：该 $K_2Cr_2O_7$ 标准溶液的浓度为 0.01935mol/L。

例 3 配制 0.01000mol/L 的 $AgNO_3$ 标准溶液 500.0ml，应称取基准 $AgNO_3$ 固体多少克？

解：根据公式(3-2)可得：

$$m_{AgNO_3} = c_{AgNO_3} \times V_{AgNO_3} \times M_{AgNO_3}$$
$$= 0.01000 \times 0.5000 \times 169.87 = 0.8493(\text{g})$$

答：应称取基准 $AgNO_3$ 0.8493 克。

例 4 现有 0.1008mol/L NaOH 溶液 500.0ml，欲将其稀释为 0.1000mol/L，问应向溶液中加多少毫升水？

解：设加水量为 x ml，稀释后溶液体积为(500+x)ml，根据稀释公式：

$$c_1 V_1 = c_2 V_2$$

则
$$0.1008 \times 500.0 = 0.1000 \times (500.0 + x)$$
$$x = 4.00\text{ml}$$

答：应向溶液中加 4.00ml 水，即得 0.1000mol/LNaOH 溶液。

（二）标准溶液的标定

1. 基准物质标定法

例 5 用邻苯二甲酸氢钾（$KHC_8H_4O_4$）标定 NaOH 溶液浓度时，精密称取基准的邻苯二甲酸氢钾 0.4998g，加适量水溶解，以酚酞为指示剂，终点时消耗 NaOH 标准溶液 23.08ml，求 NaOH 标准溶液的浓度。

解：

$$n_{KHC_8H_4O_4} = n_{NaOH}$$

根据式(3-5)

$$\frac{m_{KHC_8H_4O_4}}{M_{KHC_8H_4O_4}} = c_{NaOH} \times V_{NaOH} \times 10^{-3}$$

则

$$c_{NaOH} = \frac{m_{KHC_8H_4O_4}}{M_{KHC_8H_4O_4} \times V_{NaOH} \times 10^{-3}}$$

$$= \frac{0.4998}{204.2 \times 23.08 \times 10^{-3}} = 0.1060(mol/L)$$

答：NaOH 标准溶液的浓度为 0.1060mol/L。

2. 比较法标定

例6 准确量取 20.00ml 的 H_2SO_4 溶液，以酚酞为指示剂，用 0.1003mol/L 的 NaOH 标准溶液滴定，终点时消耗 NaOH 溶液 22.00ml，求 H_2SO_4 溶液的浓度。

解：
$$2NaOH + H_2SO_4 === Na_2SO_4 + 2H_2O$$

$$n_{H_2SO_4} = \frac{1}{2} \times n_{NaOH}$$

根据式(3-4)

$$c_{H_2SO_4} \times V_{H_2SO_4} = \frac{1}{2} \times C_{NaOH} \times V_{NaOH}$$

则
$$c_{H_2SO_4} = \frac{1}{2} \times \frac{c_{NaOH} \times V_{NaOH}}{V_{H_2SO_4}}$$

$$= \frac{1}{2} \times \frac{0.1003 \times 22.00 \times 10^{-3}}{20.00 \times 10^{-3}} = 0.05516(mol/L)$$

答：H_2SO_4 溶液的浓度为 0.05516mol/L。

（三）估算应称取基准物质的质量

例7 用基准物质 Na_2CO_3 标定 HCl 溶液，到达终点时为使 0.1mol/LHCl 标准溶液体积消耗在 20~24ml 之间，应称取基准的无水 Na_2CO_3 多少克？

解：
$$Na_2CO_3 + 2HCl === 2NaCl + CO_2 \uparrow + H_2O$$

$$n_{Na_2CO_3} = \frac{1}{2} \times n_{HCl}$$

根据式(3-5)

$$\frac{m_{Na_2CO_3}}{M_{Na_2CO_3}} = \frac{1}{2} \times c_{HCl} \times V_{HCl} \times 10^{-3}$$

则
$$m_{Na_2CO_3} = \frac{1}{2} \times c_{HCl} \times V_{HCl} \times M_{Na_2CO_3} \times 10^{-3}$$

$V_{HCl} = 20ml$ $\quad m_{Na_2CO_3} = \frac{1}{2} \times 0.1 \times 20 \times 106 \times 10^{-3} = 0.11(g)$

$V_{HCl} = 24ml$ $\quad m_{Na_2CO_3} = \frac{1}{2} \times 0.1 \times 24 \times 106 \times 10^{-3} = 0.13(g)$

答：应称取基准的无水 Na_2CO_3 质量在 0.11~0.13g 之间。

（四）估算消耗标准溶液的体积

例8 精密称取草酸($H_2C_2O_4 \cdot 2H_2O$)0.1500g，溶于适量水中，用 KOH 标准溶液(0.1mol/L)滴定至终点，试估计大约消耗此标准溶液多少毫升？

解：
$$H_2C_2O_4 + 2KOH === K_2C_2O_4 + 2H_2O$$

$$n_{KOH} = 2n_{H_2C_2O_4}$$

根据式(3-5)

$$V_{KOH} = \frac{2 \times m_{H_2C_2O_4 \cdot 2H_2O} \times 10^3}{M_{H_2C_2O_4 \cdot 2H_2O} \times c_{KOH}}$$

$$V_{KOH} = \frac{2 \times 0.1500 \times 10^3}{126.1 \times 0.1} = 23.79 \approx 24 \, (\text{ml})$$

答:大约消耗此 KOH 标准溶液 24ml。

(五)含量测定

例 9 准确称取水溶性氯化物样品 0.2988g,用浓度为 0.1000mol/L 的 $AgNO_3$ 标准溶液滴定至终点,消耗标准溶液体积为 23.10ml,计算样品中氯化物中氯的质量分数。

解:
$$Ag^+ + Cl^- =\!=\!= AgCl \downarrow$$
$$n_{Cl^-} = n_{Ag^+}$$

根据式(3-6)

$$\omega_{Cl^-} = \frac{c_{Ag^+} \times V_{Ag^+} \times 10^{-3} \times M_{Cl^-}}{m_S}$$

$$\omega_{Cl^-} = \frac{0.1000 \times 23.10 \times 10^{-3} \times 35.45}{0.2988} = 0.2741$$

答:此样品中氯的质量分数为 0.2741。

例 10 用 0.1100mol/LHCl 标准溶液滴定 K_2CO_3 试样,准确称取 0.1986g 试样,滴定时消耗 24.20mlHCl 标准溶液,计算试样中 K_2CO_3 的百分含量。

解:
$$K_2CO_3 + 2HCl =\!=\!= 2KCl + CO_2 \uparrow + H_2O$$
$$n_{K_2CO_3} = \frac{1}{2} n_{HCl}$$

根据式(3-6)

$$\omega_{K_2CO_3} = \frac{1}{2} \times \frac{c_{HCl} \times V_{HCl} \times 10^{-3} \times M_{K_2CO_3}}{m_S} \times 100\%$$

$$\omega_{K_2CO_3} = \frac{1}{2} \times \frac{0.1100 \times 24.20 \times 10^{-3} \times 138.21}{0.1986} \times 100\% = 92.63\%$$

答:此试样中 K_2CO_3 的百分含量为 92.63%。

 知识链接

利用滴定度计算被测物质的含量

准确称取 NaCl 样品 0.1600g,用 $AgNO_3$ 标准溶液滴定,终点时消耗 21.00ml 标准溶液,已知每毫升 $AgNO_3$ 标准溶液相当于 6.000mg 的 NaCl,试计算样品中 NaCl 的含量。

解:由题意可知:$T_{AgNO_3/NaCl} = 0.006000g/ml$

则:$m_{NaCl} = T_{AgNO_3/NaCl} \times V_{AgNO_3}$

$$\omega_{NaCl} = \frac{V_{AgNO_3} \times T_{AgNO_3/NaCl}}{m_S} = \frac{21.00 \times 0.006000}{0.1600} = 0.7875$$

答:样品中 NaCl 的含量为 0.7875。

本章小结

1. 滴定分析基本术语和主要测定方法

知识点	知识内容
基本术语	滴定分析法、标准溶液、化学计量点、滴定终点、终点误差
特点	准确度较高;所用仪器设备简单,操作方便、快速
主要测定方法	酸碱滴定法、沉淀滴定法、配位滴定法、氧化还原滴定法

2. 滴定分析条件和滴定方式

知识点	知识内容
滴定分析条件	反应定量、反应完全、反应迅速、有合适方法确定终点
滴定方式	直接滴定法、返滴定法、置换滴定法、间接滴定法

3. 标准溶液与基准物质

知识点	知识内容
标准溶液浓度表示	物质的量浓度:$c_B = \dfrac{n_B}{V}$(mol/L 或 mmol/L) 滴定度:T_B(g/ml) $T_{B/A}$(g/ml)
基准物质	物质组成与化学式完全相符;物质纯度高;性质稳定; 具有较大的摩尔质量
标准溶液配制	直接配制法(为基准物质);间接配制法(先粗配,再标定)

4. 滴定分析计算

知识点	知识内容
计算依据	$\dfrac{n_A}{n_B} = \dfrac{a}{b}$
滴定液体积、浓度与被测物体积、浓度关系	$c_A V_A = \dfrac{a}{b} c_B V_B$
滴定液体积、浓度与被测物质质量关系	$m_A = \dfrac{a}{b} c_B V_B M_A \times 10^{-3}$
被测物含量的计算	$\omega_A = \dfrac{a}{b} \times \dfrac{c_B V_B M_A \times 10^{-3}}{m_S}$

(戴惠玲)

 目标测试

一、单项选择题

1. 有关滴定分析法下列说法错误的是
  A. 是化学分析法之一   B. 可用于定性分析

C. 为定量分析法之一　　　　　　D. 常用指示剂确定终点

E. 属于常量分析

2. 滴定分析中已知准确浓度的试剂溶液称为

    A. 溶液　　　　　　　　　　B. 滴定　　　　　　　　　C. 滴定液

    D. 被滴定液　　　　　　　　E. 指示剂

3. 滴定终点与化学计量点往往不一致,由此造成的误差称为

    A. 系统误差　　　　　　　　B. 偶然误差　　　　　　　C. 终点误差

    D. 绝对误差　　　　　　　　E. 相对误差

4. 在滴定中,指示剂发生颜色变化的转变点称为

    A. 滴定终点　　　　　　　　B. 化学计量点　　　　　　C. 滴定起点

    D. 反应计量点　　　　　　　E. 滴定中点

5. 用间接法配制的标准溶液,确定其准确浓度的操作过程称为

    A. 定容　　　　　　　　　　B. 定位　　　　　　　　　C. 滴定

    D. 标定　　　　　　　　　　E. 测定

6. 若滴定反应的通式为:$bB+aA \rightarrow P$ 则 B 与 A 的化学计量关系是

    A. $n_B : n_A = a:b$　　　　　　B. $c_A V_A = 2c_B V_B$　　　　C. $c_B V_B = m_B / M_B$

    D. $n_A = a/b \, n_B$　　　　　　E. $c_A V_A = c_B V_B$

7. 常用 25ml~50ml 滴定管,其最小刻度为

    A. 0.01ml　　　　　　　　　B. 0.02ml　　　　　　　　C. 0.1ml

    D. 0.2ml　　　　　　　　　　E. 1ml

8. 能够用直接配制法配制标准溶液的试剂必须是

    A. 纯净物　　　　　　　　　B. 化合物　　　　　　　　C. 单质

    D. 基准物质　　　　　　　　E. 混合物

9. 不符合基准条件的试剂,配制滴定液时可采用

    A. 间接法　　　　　　　　　B. 直接法　　　　　　　　C. 混合法

    D. 都可以　　　　　　　　　E. 都不可

10. 在滴定分析实验中,下列仪器用待装液润洗后再装溶液的是

    A. 锥形瓶　　　　　　　　　B. 碘量瓶　　　　　　　　C. 容量瓶

    D. 滴定管　　　　　　　　　E. 都需要

11. 下列哪一项不是基准物质应具备的条件

    A. 与化学式相符的物质组成　B. 不应含结晶水　　　　　C. 纯度达 99.9% 以上

    D. 具有相当的稳定性　　　　E. 称量时不吸水

12. 下列哪种方式不是标准溶液标定常用的方式

    A. 多次称量法　　　　　　　B. 移液管法　　　　　　　C. 基准物质标定法

    D. 对照法　　　　　　　　　E. 滴定液之间比较法

13. 以每毫升滴定液中所含溶质的质量表示的浓度是

    A. c_B　　　　　　　　　　B. T_B　　　　　　　　　C. $T_{B/A}$

    D. V_B　　　　　　　　　　E. 都不对

二、填空题

14. 已知准确浓度的试剂溶液称为_____,将_____从滴定管中滴加到被测物质

溶液中的操作过程称为_____。

15. 根据化学反应类型不同,将滴定分析法分为_____、_____、_____和_____。

16. 适合于滴定分析的化学反应必须符合_____、_____、_____和有合适的指示剂指示滴定终点。

三、简答题

17. 配制标准溶液有哪两种方法? 简述其标定方法?

18. 什么样的试剂可用于直接配制标准溶液,它应当符合什么条件?

19. 什么是化学计量点? 什么是滴定终点? 两者有什么区别?

四、计算题

20. 准确称取 4.2000g 基准 $AgNO_3$,溶解后定量转移至 500ml 容量瓶,用水稀释至刻线,摇匀,求 $AgNO_3$ 的浓度?

21. 标定盐酸溶液时,以甲基橙为指示剂,准确称取 Na_2CO_3 基准物 0.1060g,用待标定 HCl 溶液滴定至终点,消耗 HCl 溶液 22.10ml,求 HCl 溶液的浓度?

22. 称取 0.3090g 溴化钠样品,溶解后以铬酸钾为指示剂,用 0.1000mol/L 的 $AgNO_3$ 标准溶液滴定至终点消耗 20.06ml,计算溴化钠样品的含量?

23. 用草酸做基准物质,标定 0.10mol/L 的 NaOH 溶液时,预使 NaOH 溶液体积控制在 20ml~25ml,则草酸 $(H_2C_2O_4 \cdot 2H_2O)$ 的称量范围是多少?

第四章 酸碱滴定法

酸碱滴定法是以酸碱反应为基础的滴定分析方法,是滴定分析中一种重要的分析方法。该法广泛应用于测定酸、碱以及能与酸碱反应的物质的含量,同时也是其他滴定分析法的基础。

案例

食醋中总酸的测定

食醋主要是指以粮食为原料酿造而成的醋酸溶液,是最常见的酸味剂。酸味有增进食欲、促进消化吸收的作用。食醋的主要成分是乙酸,含有少量的其他有机酸。

请问:1. 食醋中总酸的测定最常用的方法是什么?

2. 食醋中总酸的测定基本原理是什么?

第一节　酸碱指示剂

课堂互动

请一位同学在装有 HCl 溶液的小烧杯中,滴加 1 滴酚酞指示剂观察颜色,再向该烧杯中滴加 NaOH 溶液数滴,溶液颜色是否有变化,再继续滴加 NaOH 溶液观察溶液的颜色变化情况。

问题 1. 观察酚酞指示剂的颜色是否有变化?

2. 若酚酞指示剂颜色有变化,由什么原因引起?

3. 通过以上实验得到什么启示?

在酸碱滴定过程中,滴定反应达到化学计量点时,通常没有任何外观变化,需借助酸碱指示剂颜色改变来指示终点。因此为了选择适当的指示剂确定终点,必须学习指示剂的变色原理、变色范围以及指示剂的选择依据。

一、指示剂的变色原理

酸碱指示剂一般是有机弱酸或有机弱碱,分别称酸型指示剂(用 HIn 表示)和碱型指示剂(用 InOH 表示),这些弱酸和弱碱与其共轭酸碱对由于结构不同,而具有不同的颜色,当溶液的 pH 改变时,酸碱指示剂失去或获得质子,其结构发生变化,而引起颜色的变化。

例如,酚酞是一种有机弱酸。在溶液中的解离平衡和颜色变化如下:

$$HIn \rightleftharpoons H^+ + In^-$$
$$\text{酸式色} \qquad \text{碱式色}$$
$$\text{(无色)} \qquad \text{(红色)}$$

从上述平衡式可以看出,在酸性溶液中,酚酞主要以酸式结构存在,溶液为无色。但随着溶液中 H^+ 浓度的逐渐减少,平衡向右移动,当溶液变为碱性时,酚酞以碱式结构存在,溶液由无色变为红色。

又如,甲基橙是一种有机弱碱,在溶液中颜色变化为:

$$InOH \rightleftharpoons OH^- + In^+$$
$$\text{碱式色} \qquad \text{酸式色}$$
$$\text{(黄色)} \qquad \text{(红色)}$$

当溶液的酸度增大时,平衡向右移动,溶液由黄色变为红色;反之溶液由红色变为黄色。

二、指示剂的变色范围

酸碱指示剂变色与溶液的 pH 有关,但并不是溶液 pH 稍有变化或任意改变,都能引起指示剂的颜色变化,因此,必须了解指示剂的颜色变化与溶液 pH 变化之间的数量关系。现以酸型指示剂(用 HIn 表示)为例阐述指示剂的变色与溶液 pH 值的关系。

$$HIn \rightleftharpoons H^+ + In^-$$
$$\text{酸式色} \qquad \text{碱式色}$$

平衡时:
$$K_{HIn} = \frac{[H^+][In^-]}{[HIn]}$$

$$[H^+] = K_{HIn} \cdot \frac{[HIn]}{[In^-]}$$

对上式两端取负对数得:$pH = pK_{HIn} - \lg\frac{[HIn]}{[In^-]}$。式中,$K_{HIn}$ 为指示剂的电离平衡常数,在一定温度下为常数。

显然,指示剂呈现的颜色取决于 $[HIn]$ 与 $[In^-]$ 的比值,而 $[HIn]$ 与 $[In^-]$ 的比值大小是由 K_{HIn} 与溶液的 pH 值所决定。当溶液 pH 发生变化时,$[HIn]$ 与 $[In^-]$ 的比值也随之改变,从而使溶液呈现不同的颜色。因人的视觉分辨能力有限,不是溶液的 pH 值稍有改变,就能观察到指示剂的颜色变化,只有当指示剂两种颜色的浓度之比大于或等于 10 时,才能观察到其中浓度较大的那种颜色。

当 $[HIn]/[In^-]$ 的比值大于或等于 10,溶液 $pH \leq pK_{HIn} - 1$,观察到酸式色;

当 $[HIn]/[In^-]$ 的比值小于或等于 1/10,溶液 $pH \geq pK_{HIn} + 1$,观察到碱式色;

当溶液中 $[HIn]/[In^-]$ 为 1 时,观察到的是酸式色与碱式色的混合色,此时溶液的 $pH = pK_{HIn}$,即称为指示剂的理论变色点。

由此可见,溶液的 pH 在 $pK_{HIn} - 1$ 到 $pK_{HIn} + 1$ 之间变化时,人眼才能看到指示剂的颜色变化,即此范围称为指示剂的变色范围,用 pH=pK_{HIn}±1 表示。常见的酸碱指示剂见表 4-1。

表 4-1　常见的酸碱指示剂(常温)

指示剂	变色范围 (pH)	颜色		pK_{HIn}	用量 (滴/10ml 试液)
		酸式色	碱式色		
百里酚蓝	1.2~2.8	红	黄	1.65	1~2
甲基黄	2.9~4.0	红	黄	3.25	1
甲基橙	3.1~4.4	红	黄	3.45	1
溴酚蓝	3.0~4.6	黄	紫	4.10	1
溴甲酚绿	3.8~5.4	黄	蓝	4.90	1~3
甲基红	4.4~6.2	红	黄	5.10	1
溴百里酚蓝	6.2~7.6	黄	蓝	7.30	1
中性红	6.8~8.0	红	橙黄	7.40	1
酚红	6.7~8.4	黄	红	8.00	1
酚酞	8.0~10.0	无	红	9.10	1~2
百里酚酞	9.4~10.6	无	蓝	10.0	1~2

三、影响酸碱指示剂变色范围的因素

1. 温度　指示剂的变色范围与 K_{HIn} 有关,K_{HIn} 与温度有关,因此,温度改变,指示剂的变色范围也随之改变。因此酸碱滴定一般要求应在室温下进行。

2. 溶剂　指示剂在不同溶剂中 pK_{HIn} 不同,故变色范围不同。

3. 指示剂的用量　指示剂用量不宜过多,因为浓度大时变色不敏锐,加之指示剂本身是弱酸或弱碱,也要消耗部分滴定液,造成一定误差。指示剂用量也不能太少,因为颜色太浅不易观察到颜色的变化。

4. 滴定程序　指示剂颜色变化由浅色转为深色易被人眼辨认。例如,用 NaOH 滴定 HCl,可选用酚酞,也可选用甲基橙作指示剂。若用酚酞,终点颜色变化从无色到红色(由浅到深),颜色变化明显,易于辨认;若用甲基橙作指示剂,终点颜色变化从红色变到黄色(由深到浅),颜色变化反差较小,不易辨认,显然,用酚酞指示终点比用甲基橙更清晰一些。因此,应按指示剂颜色由浅到深的变化过程设计滴定程序。

 知识链接

混合指示剂

　　在某些酸碱滴定中,pH 突跃范围很窄,使用一般指示剂不能准确判断终点,此时应改用混合指示剂。混合指示剂具有变色范围窄,变色敏锐的特点。混合指示剂有两种方法配制,一种是在某种指示剂中加入一种惰性染料,如:甲基橙 + 靛蓝(紫色→绿色),变色点为暗灰色。

　　另一种配制方法是用两种或两种以上的指示剂按一定比例混合而成,如:溴甲酚绿 + 甲基红(酒红色→绿色)变色点为暗灰色。

第二节　酸碱滴定类型及指示剂的选择

常见的酸碱滴定类型主要有强碱强酸的相互滴定、强碱滴定弱酸或强酸滴定弱碱以及多元酸（碱）的滴定三种类型。由于不同类型的酸碱滴定在化学计量点前后 ±0.1% 时 pH 值不同，因此选择的指示剂也不同，即使是用同一指示剂指示不同类型的滴定终点，其选择的终点颜色也不同，因此要根据酸碱滴定过程中溶液的 pH 变化规律来选择合适的指示剂。

一、强酸强碱的滴定

（一）滴定曲线

滴定的基本反应为：

$$H^+ + OH^- \rightleftharpoons H_2O$$

现以 NaOH（0.1000mol/L）滴定 20.00mlHCl（0.1000mol/L）为例，讨论强碱强酸滴定过程中溶液 pH 值的变化情况。滴定过程分为四个阶段：

1. 滴定前　溶液的 pH 值由 HCl 的初始浓度决定。

$$[H^+] = 0.1000 (mol.L^{-1}) \qquad pH = 1.00$$

2. 滴定开始至化学计量点前 0.1%　滴入 NaOH 溶液 19.98ml，溶液的 pH 值取决于剩余的 HCl 的浓度。

$$[H^+] = 5.0 \times 10^{-5} (mol.L^{-1}) \qquad pH = 4.30$$

3. 化学计量点时　滴入 NaOH 溶液 20.00ml，溶液呈中性。

$$[H^+] = [OH^-] = 1.0 \times 10^{-7} (mol.L^{-1}) \qquad pH = 7.0$$

4. 化学计量点后 0.1%　滴入 NaOH 溶液 20.02ml，溶液呈碱性。溶液的 pH 值取决于过量的 NaOH 的浓度

$$[OH^-] = 5.0 \times 10^{-5} (mol.L^{-1}) \qquad pH = 4.30$$

$$pH = 14.00 - 4.30 = 9.70$$

如此逐一计算滴定过程中每一阶段的 pH 值列于表 4-2。如果以 NaOH 加入的量为横坐标，以溶液的 pH 值为纵坐标作图，所得的曲线为强碱滴定强酸的滴定曲线（图 4-1）。

表 4-2　NaOH 溶液（0.1000mol/L）滴定 20.00mlHCl 溶液（0.1000mol/L）的 pH 变化（25℃）

加入 NaOH（ml）	剩余 HCl（ml）	过量 NaOH（ml）	pH	pH 变化
0.00	20.00		1.00	
18.00	2.00		2.28	
19.80	0.20		3.30	ΔpH=3.30
19.96	0.04		4.00	
19.98	0.02		4.30	化学计量点前后 0.1%
20.00	0.00		7.00	ΔpH=5.40
20.02		0.02	9.70	突跃范围
20.04		0.04	10.00	
20.20		0.20	10.70	
22.00		2.00	11.70	ΔpH=2.50
40.00		20.00	12.50	

由表 4-2 和图 4-1 可以看出，从滴定开始到加入 NaOH 溶液 19.98ml，溶液的 pH 仅改变 3.3 个 pH 单位，但在化学计量点附近加入 0.04mlNaOH 溶液（从剩余 0.02mlHCl 到过量 NaOH0.02ml），溶液的 pH 由 4.30 急剧改变为 9.70，改变了 5.40 个单位。即 $[H^+]$ 降低了 25 万倍，溶液由酸性突变到碱性。这种在化学计量点附近溶液 pH 值的突变称为滴定突跃。滴定突跃所在的 pH 值范围称为突跃范围。此后再继续滴加 NaOH 溶液，溶液的 pH 值变化愈来愈小。

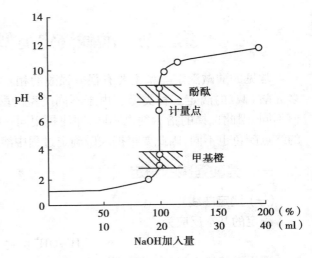

图 4-1　用 NaOH 溶液（0.1000mol/L）滴定 HCl 溶液（0.1000mol/L）滴定曲线

（二）指示剂的选择

滴定突跃是选择指示剂的依据。凡是变色范围能全部或部分落在滴定突跃范围内的指示剂都可以用来指示滴定终点。根据这一原则强碱滴定强酸可选用酚酞、甲基红、甲基橙等指示剂。

如果反过来用 HCl（0.1000mol/L）滴定 NaOH（0.1000mol/L），则滴定曲线的形状与图 4-1 对称。

课堂互动

1. 从甲基橙的 pH 变色范围为 3.1~4.4 所知，仅很少一点落入上述滴定突跃范围内。请讨论：上述碱滴定酸，若选用甲基橙作指示剂，若使滴定误差相对较小，应如何选择甲基橙的颜色变化？由此回答滴定终点是否一定是指示剂的变色点？

2. 您能在图 4-1 的滴定曲线的基础上描绘出强酸滴定强碱的滴定曲线吗？

（三）滴定突跃范围与浓度的关系

图 4-2 是三种不同浓度的 NaOH 滴定相同浓度的 HCl 溶液的滴定曲线。由图可见，用

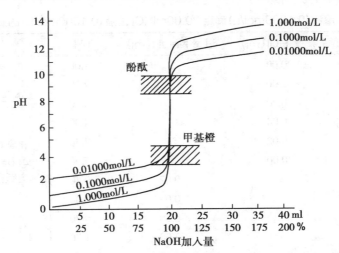

图 4-2　不同浓度的 NaOH 滴定相同浓度的 HCl 溶液的滴定曲线

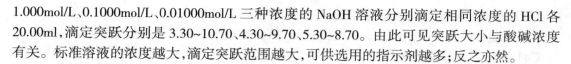

1.000mol/L、0.1000mol/L、0.01000mol/L 三种浓度的 NaOH 溶液分别滴定相同浓度的 HCl 各 20.00ml,滴定突跃分别是 3.30~10.70、4.30~9.70、5.30~8.70。由此可见突跃大小与酸碱浓度有关。标准溶液的浓度越大,滴定突跃范围越大,可供选用的指示剂越多;反之亦然。

二、一元弱酸(弱碱)的滴定

(一)强碱滴定弱酸

1. 滴定曲线 这一类型的滴定反应为:$OH^- + HA \rightleftharpoons A^- + H_2O$

以 NaOH 溶液(0.1000mol/L)滴定 HAc(0.1000mol/L)20.00ml 为例,讨论强碱滴定弱酸的 pH 变化情况。

反应式为:$OH^- + HAc \rightleftharpoons Ac^- + H_2O$

滴定过程中主要各点的 pH 值,列于表 4-3 中。滴定曲线如图 4-3 所示。

表 4-3 NaOH(0.1000mol/L)滴定 20.00ml HAc(0.1000mol/L)pH 值的变化

加入 NaOH(ml)	剩余 HAc(ml)	过量 NaOH(ml)	pH	pH 变化
0.00	20.00		2.89	
10.00	10.00		4.70	
18.00	2.00		5.70	ΔpH=3.85
19.80	0.20		6.74	
19.98	0.02		7.74	
20.00	0.00		8.72	ΔpH=1.96 突跃范围
20.02		0.02	9.70	
20.20		0.20	10.70	
22.00		2.00	11.70	ΔpH=1.80
40.00		20.00	12.50	

2. 滴定过程中溶液的 pH 变化不同于强碱滴定强酸

根据表 4-3 与图 4-3 所示,将 NaOH 滴定 HAc 与滴定 HCl 的滴定曲线进行比较可以看出,NaOH 滴定 HAc 的滴定曲线有以下特点:

(1)滴定前,由于 HAc 是弱酸,曲线起点高。

(2)随着 NaOH 的滴入,缓冲能力增强,pH 变化微小。

(3)滴定近化学计量点(SP),由于 HAc 浓度已经很小,缓冲能力减弱,随着 NaOH 的滴入,溶液 pH 增加较快,曲线斜率迅速增大。

(4)化学计量点前后 0.1%,酸度急剧变化,ΔpH=7.74~9.70。

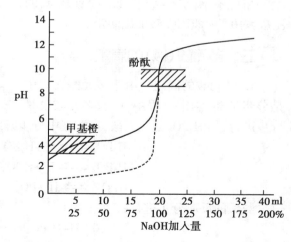

图4-3 NaOH(0.1000mol/L)滴定 HAc(0.1000mol/L)滴定曲线

(5) 化学计量点后,ΔpH 逐渐减小,与强碱滴定强酸相似。

3. 滴定曲线的突跃范围 突跃范围的 pH 值为 7.74~9.70,处于碱性区域且仅有两个 pH 单位的改变,因此只能选择在碱性区域变色的指示剂,如酚酞、百里酚蓝。

4. 滴定突跃与弱酸强度的关系 讨论滴定突跃与弱酸强度的关系是为了判断弱酸能否被强碱准确滴定,图 4-4 是 0.1000mol/L 的 NaOH 溶液滴定相同浓度、不同强度一元弱酸的滴定曲线。

从图 4-4 可以看出,当弱酸的 $K_a \leq 10^{-9}$ 时,已经无明显的滴定突跃,因此,无法选择指示剂确定滴定终点。所以为确保滴定曲线上有明显的滴定突跃,准确滴定一元弱酸的条件一般为 $c_a \cdot K_a \geq 10^{-8}$。

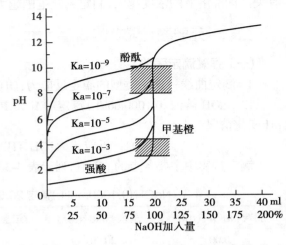

图 4-4 NaOH(0.1000mol/L)滴定不同强度的酸(0.1000mol/L)的滴定曲线

(二) 强酸滴定弱碱

这一类型的滴定可以 HCl(0.1000mol/L) 滴定 20.00ml$NH_3 \cdot H_2O$ 溶液(0.1000mol/L)进行讨论。其滴定反应为:

$$HCl + NH_3 \cdot H_2O \rightleftharpoons NH_4Cl + H_2O$$

滴定曲线如图 4-5 所示,从图中可以看出强酸滴定弱碱的滴定突跃与强碱滴定弱酸类似,所不同的是 pH 值变化方向相反,滴定曲线形状刚好相反。在化学计量点时溶液呈酸性,滴定突跃为 6.30~4.30,可选择酸性范围变色的指示剂(如甲基橙、甲基红等)指示终点。

和强碱滴定弱酸相似,只有弱碱的 $c_b \cdot K_b \geq 10^{-8}$ 才能用强酸准确滴定。

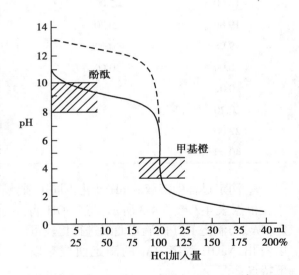

图 4-5 HCl(0.1000mol/L)滴定 $NH_3 \cdot H_2O$(0.1000 mol/L)的滴定曲线

三、多元酸(碱)的滴定

1. 多元酸的滴定 由于多元酸在水中是分步解离,滴定过程中,中和多元酸也是分步进行,如 H_3PO_4 是三元酸,在溶液中分步解离:

$$H_3PO_4 \rightleftharpoons H^+ + H_2PO_4^- \qquad K_{a_1} = 7.5 \times 10^{-3}$$
$$H_2PO_4^- \rightleftharpoons H^+ + HPO_4^{2-} \qquad K_{a_2} = 6.3 \times 10^{-8}$$
$$HPO_4^{2-} \rightleftharpoons H^+ + PO_4^{3-} \qquad K_{a_3} = 2.2 \times 10^{-13}$$

与碱的反应分步进行:

$$NaOH + H_3PO_4 =\!=\!= NaH_2PO_4 + H_2O$$
$$NaOH + NaH_2PO_4 =\!=\!= Na_2HPO_4 + H_2O$$
$$NaOH + Na_2HPO_4 =\!=\!= Na_3PO_4 + H_2O$$

以上三个反应的滴定,是不是滴定突跃也有三个呢? 在实际滴定过程中并不如此。如图 4-6 所示,只有两个滴定突跃。

判断多元酸各级解离的 H⁺ 能否被准确滴定的依据与一元弱酸相同,即各级电离常数与浓度的乘积满足 $c_a \cdot Ka \geqslant 10^{-8}$,则可以确定该级电离的 H⁺ 能被准确滴定。判断相邻两级解离的 H⁺ 能否被分步滴定的依据是:在满足 $c_a \cdot K_a \geqslant 10^{-8}$ 的前提条件下,两级电离常数还应该满足 $K_{a_n}/K_{a_{n+1}} \geqslant 10^4$,则可被分步滴定。

2. 多元碱的滴定 多元碱的滴定与多元酸的滴定类似,判断其能否被准确和分步滴定的条件为:① $c_b \cdot K_b \geqslant 10^{-8}$,能准确滴定;② $K_{b_n}/K_{b_{n+1}} \geqslant 10^4$,能分步滴定。

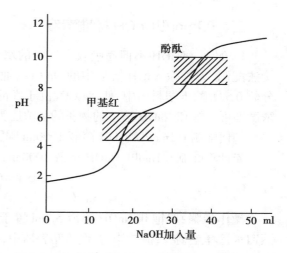

图 4-6 NaOH(0.1000mol/L)滴定 H₃PO₄(0.1000 mol/L) 的滴定曲线

第三节 酸碱标准溶液的配制与标定

在酸碱滴定法中,最常用的标准溶液是 NaOH 和 HCl,也可以是 H_2SO_4 和 KOH。浓度一般为 0.01~1mol/L,最常用的浓度是 0.1mol/L。

一、0.1mol/L HCl 标准溶液

1. 配制 市售浓盐酸的密度为 1.19,质量分数为 0.37,物质的量浓度为 12mol/L。

如何配制 0.1mol/L HCl 溶液 1000ml 呢?

先计算配制 0.1mol/L HCl 溶液 1000ml,应取浓盐酸的体积:

$$12 \times V = 0.1 \times 1000$$

V=8.3ml(HCl 易挥发,配制时应比计算量多取些,一般取 9ml)

操作步骤:用洁净的量筒量取浓盐酸 9ml,置于盛有少量蒸馏水的 1000ml 量杯中,再用蒸馏水稀释至 1000ml,混合均匀,倒入试剂瓶中,密塞,待标定。

2. 标定 标定 HCl 溶液常用的基准物质为无水碳酸钠或硼砂。

下面介绍以无水碳酸钠为基准物质标定 0.1mol/L HCl 溶液的操作步骤:

标定反应如下:

$$Na_2CO_3 + 2HCl \Longrightarrow 2NaCl + CO_2 \uparrow + H_2O$$

精密称取在 270~300℃干燥至恒重的基准物质无水碳酸钠约 0.12g(称量至 0.0001g),置 250ml 锥形瓶中,加蒸馏水 50ml 使其溶解,加溴甲酚绿 - 甲基红混合指示剂 10 滴,用待标定的 HCl 溶液滴定至溶液由绿色变至紫色即为终点。为除去反应生成的 CO_2,在接近化学计量点时,应将溶液剧烈振摇或加热至沸腾,冷却后再滴定。终点记录消耗 HCl 溶液的体积,按下式计算其准确浓度:

$$c_{HCl} = \frac{2m_{Na_2CO_3}}{V_{HCl} \times M_{Na_2CO_3}} \times 10^3$$

二、0.1mol/L NaOH 标准溶液

1. 配制　NaOH 不但易吸收空气中的水分,还易吸收 CO_2 生成 Na_2CO_3,因此只能用间接法配制,为排除 NaOH 溶液中的 Na_2CO_3,通常将 NaOH 配制成饱和溶液(密度 1.56,质量分数 0.52),贮于塑料瓶中,使 Na_2CO_3 沉于底部,取上清液稀释成所需的配制浓度,标定准确浓度即可。饱和 NaOH 溶液的物质的量浓度为 20mol/L。

如何配制 0.1mol/L NaOH 溶液 1000ml 呢?

先计算配制 0.1mol/L NaOH 溶液 1000ml,应取饱和 NaOH 溶液的体积:

$$20 \times V = 0.1 \times 1000$$

$$V = 5ml(一般比计算量多取些,取 5.6ml)$$

操作步骤:取饱和 NaOH 溶液 5.6ml 置于 1000ml 量杯中,用不含 CO_2 的新煮沸放冷的蒸馏水稀释至刻线,搅拌均匀,倒入塑料瓶中,密塞保存。

课堂互动

盛放 NaOH 滴定液的试剂瓶对瓶塞有什么要求?

2. 标定　标定氢氧化钠溶液最常用的基准物质是邻苯二甲酸氢钾。

标定反应如下:

操作步骤:精密称取在 105~110℃ 干燥至恒重的基准物质邻苯二甲酸氢钾($KHC_8H_4O_4$)约 0.6g,置于 250ml 锥形瓶中,加新煮沸放冷的蒸馏水 20ml 使其溶解,以酚酞作为指示剂,用待标定的 NaOH 溶液滴定至溶液出现淡红色且 30 秒内不褪色,即为终点。记录消耗 NaOH 的体积,按下式计算 NaOH 的准确浓度。($M_{KHC_8H_4O_4}=242.2$)

$$c_{NaOH} = \frac{m_{KHC_8H_4O_4}}{V_{NaOH} \times M_{KHC_8H_4O_4}} \times 10^3$$

本章小结

1. 酸碱滴定法是以酸碱反应为基础的分析方法。在酸碱滴定过程中,需用酸碱指示剂的颜色改变来指示终点。酸碱指示剂一般是有机弱酸或有机弱碱。影响酸碱指示剂变色的因素主要有:温度、溶剂、指示剂的用量、滴定程序。

2. 常见的酸碱滴定的类型有:强酸强碱的滴定、一元弱酸(弱碱)的滴定、多元酸(碱)的滴定。根据滴定突跃及滴定曲线的特征,选择适宜的指示剂。

3. 最常用的酸碱标准溶液是 HCl 和 NaOH。标定 HCl 标准溶液最常用的基准物质是无水碳酸钠。标定 NaOH 标准溶液最常用的基准物质是邻苯二甲酸氢钾。

(浦绍且)

目标测试

一、单项选择题

1. 酸碱指示剂一般属于
    A. 有机弱酸或弱碱　　　　B. 有机物　　　　　　C. 有机酸
    D. 有机碱　　　　　　　　E. 无机物

2. 标定 HCl 滴定液的基准物质是
    A. NaOH　　　　　　　　B. Na_2CO_3　　　　　C. HAc
    D. $NH_3 \cdot H_2O$　　　　　E. 草酸钠

3. 标定 NaOH 溶液的基准物质是
    A. HAc　　　　　　　　　B. Na_2CO_3　　　　　C. 邻苯二甲酸氢钾
    D. $NH_3 \cdot H_2O$　　　　　E. 硼酸

4. 用氢氧化钠滴定液滴定 HAc 选择的指示剂是
    A. 石蕊　　　　　　　　　B. 甲基橙　　　　　　C. 酚酞
    D. 甲基红　　　　　　　　E. 中性红

5. 以甲基橙为指示剂,用盐酸滴定液滴定 Na_2CO_3,滴至溶液从黄色变到橙色,即为终点,此时 HCl 与 Na_2CO_3 反应的物质的量之比为
    A. 2 : 1　　　　　　　　　B. 1 : 2　　　　　　　C. 1 : 1
    D. 3 : 1　　　　　　　　　E. 4 : 1

6. HCl 滴定液滴定 $NH_3 \cdot H_2O$,应选择的指示剂是
    A. 甲基橙　　　　　　　　B. 酚酞　　　　　　　C. 百里酚酞
    D. 中性红　　　　　　　　E. 溴甲酚绿

7. 可用碱滴定液直接测定的物质为
    A. $cK_a \geqslant 10^{-8}$ 的酸　　　B. $cK_b \geqslant 10^{-8}$ 的碱　　　C. $NH_3 \cdot H_2O$
    D. H_3BO_3　　　　　　　E. 前四种均可以

8. 对于酸碱指示剂下列说法不恰当的是
    A. 指示剂本身是一种有机弱酸或弱碱
    B. 指示剂的颜色变化与溶液的 pH 有关
    C. 指示剂的变色范围与其 K_{HIn} 有关
    D. 指示剂的变色范围与指示剂的用量有关
    E. 酸碱物质的含量测定都必须用酸碱指示剂才能确定终点。

9. 为减小指示剂的变色范围,使变色敏锐,可采用
    A. 酚酞指示剂　　　　　　B. 甲基红指示剂　　　C. 加温
    D. 混合指示剂　　　　　　E. 加大指示剂的用量

10. 强酸强碱的滴定,化学计量点的酸碱性是
    A. pH>7　　　　　　　　B. pH<7　　　　　　　C. pH=7
    D. 显强碱性　　　　　　　E. 先显酸性后显碱性

11. 强碱滴定弱酸,化学计量点的酸碱性是
    A. pH>7　　　　　　　　B. pH<7　　　　　　　C. pH=7
    D. 显强碱性　　　　　　　E. 显强酸性

12. 用 HCl 滴定 Na_2CO_3 接近终点时,需要煮沸溶液,其目的是
　　A. 除去氧气
　　B. 除去二氧化碳
　　C. 加快反应速度
　　D. 因为指示剂在热溶液中变色更敏锐
　　E. 因为碳酸钠中有少量的微溶性杂质

二、填空题

13. 酸碱指示剂的选择原则是_____。
14. 酸碱指示剂的变色范围是_____。
15. 配制饱和氢氧化钠溶液的目的是_____。
16. 多元酸碱能被准确滴定和分步滴定的判断条件是_____。
17. 影响指示剂变色的主要因素是_____、_____、_____、_____。

三、名词解释

18. 变色点　　19. 滴定突跃范围　　20. 滴定突跃　　21. 酸碱滴定曲线

四、简答题

22. 何为酸碱指示剂的变色范围?变色范围受哪些因素的影响?

23. 标定 HCl 滴定液的浓度,若采用未在 270℃ 烘过恒重的 Na_2CO_3 来标定,会出现什么样的问题?

五、计算题

24. 用 $Na_2C_2O_4$ 为基准物质标定 HCl 滴定液的浓度。若用甲基橙作指示剂,称取 $Na_2C_2O_4$ 0.2970g,用去 HCl 溶液 21.49ml,求 HCl 溶液的浓度。

25. 取食醋 5ml,加水稀释后以酚酞为指示剂,用 NaOH 滴定液(0.1080mol/L)滴定至淡红色,记录消耗体积 24.60ml,求食醋中醋酸的总含量。

26. 用基准邻苯二甲酸氢钾($KHC_8H_4O_4$)标定近似浓度为 0.1mol/L 的 NaOH 溶液时,计算若消耗 NaOH 溶液 20ml~25ml,则基准邻苯二甲酸氢钾的称量范围?

27. 用 0.1030mol/L HCl 滴定药用硼砂($Na_2B_4O_7 \cdot 10H_2O$)0.5324g,消耗 HCl 体积为 21.38ml,求硼砂的含量?

第五章 沉淀滴定法

学习目标

1. 掌握 铬酸钾指示剂法的测定原理、滴定条件。
2. 熟悉 吸附指示剂法的测定原理、滴定条件;硝酸银标准溶液的配制与标定。
3. 了解 沉淀滴定法的应用。

第一节 概 述

案例

自来水中氯化物的测定

天然水中均含有氯化物。同一地区水中氯化物的含量相对稳定,若水中氯化物的含量突然增高,表明可能受到人畜粪便、生活污水或工业废水污染。氯化物的测定可用硝酸银容量法。其基本原理是:在 pH6.5~10.5 的溶液中,硝酸银与水中的氯化物生成氯化银沉淀,过量的硝酸银与铬酸钾指示剂反应生成砖红色铬酸银沉淀,指示反应到达终点。

请问:1. 铬酸钾指示剂法为什么要在 pH6.5~10.5 的溶液中进行?
　　　2. 计算水中氯化物的依据是什么?

沉淀滴定法是以沉淀反应为基础的滴定分析方法。能用于沉淀滴定的反应必须具备以下条件:

1. 沉淀的溶解度必须很小($S<10^{-6}g\cdot ml^{-1}$)。
2. 沉淀反应必须迅速、定量地进行。
3. 有适当的方法指示化学计量点。
4. 沉淀的吸附现象不影响滴定结果和终点的确定。

由于受上述条件所限,故能用于沉淀滴定法的反应并不多,目前有实用价值的主要是形成难溶性银盐的反应。例如:

$$Ag^+ + Cl^- \rightleftharpoons AgCl\downarrow$$

$$Ag^+ + SCN^- \rightleftharpoons AgSCN\downarrow$$

利用生成难溶性银盐反应来进行滴定的方法称为银量法。本法主要测定含 Cl^-、Br^-、I^-、SCN^-、CN^-、Ag^+ 等离子及含卤素的有机化合物。除银量法外,还有其他沉淀滴定法,但实际应用并不广泛。

第二节 银 量 法

银量法根据确定滴定终点所采用指示剂的不同可分三种方法:铬酸钾指示剂法、铁铵矾指示剂法、吸附指示剂法。本节主要讨论铬酸钾指示剂法和吸附指示剂法。

一、铬酸钾指示剂法

(一)测定原理

铬酸钾指示剂法是用 K_2CrO_4 作指示剂,以 $AgNO_3$ 标准溶液作滴定液,在中性或弱碱性溶液中直接测定氯化物或溴化物的滴定方法。由于 $AgCl$ 的溶解度 $(S=1.8\times10^{-3}g/L)$ 比 Ag_2CrO_4 的溶解度 $(S=2.3\times10^{-3}g/L)$ 小,根据分步沉淀原理,在滴定终点前首先析出的是

考点提示

饮用水中氯化物的测定

$AgCl$ 白色沉淀。随着 $AgNO_3$ 溶液加入量的不断增多,溶液中的 Cl^- 浓度逐渐减小。待溶液中 Cl^- 反应完全后,稍过量的 Ag^+ 立即与 CrO_4^{2-} 反应生成 Ag_2CrO_4 砖红色沉淀,以指示滴定终点的到达,其反应式为:

终点前　　　　　　$Ag^++Cl^- \rightleftharpoons AgCl\downarrow(白色)$

终点时　　　　$2Ag^++CrO_4^{2-} \rightleftharpoons Ag_2CrO_4\downarrow(砖红色)$

(二)滴定条件

为了获得较准确的测定结果,应控制以下滴定条件:

1. 指示剂的用量要适当　指示剂 K_2CrO_4 的浓度必须合适,若太高,会使待测溶液中 Cl^- 尚未沉淀完全时 Ag^+ 就与 CrO_4^{2-} 发生反应,生成砖红色的铬酸银沉淀,导致终点提前,造成负误差。若指示剂用量太少,滴定至化学计量点时,稍加入过量的 $AgNO_3$ 仍不能形成铬酸银沉淀,导致终点延迟,造成正误差。通过理论计算,如要在化学计量点时恰好生成 Ag_2CrO_4 沉淀,此时溶液中 CrO_4^{2-} 浓度应为 $7.1\times10^{-3}mol/L$。由于 K_2CrO_4 指示剂本身黄色较深,直接影响到 Ag_2CrO_4 砖红色沉淀的观察,反应终点难以确定,所以实际操作时指示剂的浓度要比计算量略低一些。实践证明,在一般的滴定中,CrO_4^{2-} 的浓度约为 $5\times10^{-3}mol/L$ 较为合适,即在 50ml~100ml 的溶液中,加入 5%(g/L)的 K_2CrO_4 指示剂 1ml。

2. 溶液的酸度　铬酸钾指示剂法在中性或弱碱性(pH6.5~10.5)溶液中进行。

若溶液为酸性(pH<6.5),CrO_4^{2-} 将与 H^+ 结合形成 $HCrO_4^-$,甚至转化成 $Cr_2O_7^{2-}$,使 CrO_4^{2-} 浓度降低,导致 Ag_2CrO_4 沉淀出现过迟甚至沉淀不发生。

$$CrO_4^{2-}+2H^+ \rightleftharpoons 2HCrO_4^- \rightleftharpoons Cr_2O_7^{2-}+2H_2O$$

若溶液的碱性太强(pH>10.5),则会有 AgOH 沉淀,进而转化成棕黑色 Ag_2O 沉淀析出。

$$2Ag^++2OH^- \rightleftharpoons 2AgOH\downarrow$$

$$2AgOH \rightleftharpoons Ag_2O\downarrow+H_2O$$

因此若溶液酸性太强,可用 $NaHCO_3$ 或硼砂中和。若溶液碱性太强,可用稀 HNO_3 溶液中和。

3. 滴定不能在氨碱性溶液中进行　因为 $AgCl$ 和 Ag_2CrO_4 均能与 NH_3 反应生成 $[Ag(NH_3)_2]^+$ 而使沉淀溶解。如果溶液中有氨存在时,须用酸中和,且控制溶液的 pH 在 6.5~7.2 之间,以

防生成的铵盐分解产生氨。

4. 排除干扰离子　溶液中不能含有能与 CrO_4^{2-} 生成沉淀的阳离子(如 Ba^{2+}、Pb^{2+}、Bi^{3+} 等)或与 Ag^+ 生成沉淀的阴离子(如 PO_4^{3-}、AsO_4^{3-}、CO_3^{2-}、S^{2-}、$C_2O_4^{2-}$ 等),也不能含有大量的有色离子(如 Cu^{2+}、Co^{2+}、Ni^{2+} 等)和不能含有在中性或弱碱性溶液中易发生水解的离子(如 Fe^{3+}、Al^{3+} 等)。若有这类离子,滴定前应先将其分离除去。

5. 滴定时应充分振摇　为防止 AgCl 和 AgBr 沉淀对 Cl^- 或 Br^- 产生吸附作用,使终点提前,应注意在滴定中充分振摇。

课堂互动

铬酸钾指示剂法为什么不能测定 I^- 和 SCN^-？

二、吸附指示剂法

(一) 测定原理

吸附指示剂法是用 $AgNO_3$ 作为标准溶液,用吸附指示剂确定滴定终点的银量法。

吸附指示剂是一类有机染料,在溶液中能电离出有色离子,当被带相反电荷的胶体沉淀吸附后,发生结构改变从而引起颜色的变化,以此指示滴定终点。例如以 $AgNO_3$ 标准溶液滴定 Cl^- 时,可用荧光黄作吸附指示剂。荧光黄是一种有机弱酸,用 HFIn 表示,在溶液中可部分离解为荧光黄阴离子 FIn^-,呈黄绿色。化学计量点前,溶液中存在未滴定完的 Cl^-,此时 AgCl 沉淀胶粒首先吸附 Cl^- 而带负电荷,由于同种电荷相斥,FIn^- 不被吸附,溶液呈黄绿色。到达化学计量点时,溶液中 Cl^- 浓度和 Ag^+ 浓度相等,稍过计量点,溶液中的 Ag^+ 过量,使 AgCl 胶粒吸附 Ag^+ 而带正电荷,并立即吸附荧光黄阴离子 FIn^- 导致指示剂结构改变而使沉淀表面呈现浅红色,从而指示滴定终点。其反应为:

终点前：
$$HFIn \rightleftharpoons H^+ + FIn^- (黄绿色)$$
$$Cl^- 过量 (AgCl) \cdot Cl^- + FIn^- (黄绿色)$$

终点时：Ag^+(稍过量)
$$AgCl + Ag^+ \rightleftharpoons AgCl \cdot Ag^+$$
$$(AgCl) \cdot Ag^+ + FIn^- (黄绿色) \rightleftharpoons (AgCl) \cdot Ag^+ \cdot FIn^- (浅红色)$$

(二) 滴定条件

为了使终点颜色变化明显,应控制以下条件:

1. 保持沉淀呈胶体状态　由于吸附指示剂颜色的变化是在沉淀微粒的表面吸附指示剂后才发生的。因此,应尽可能使卤化银沉淀呈胶体状态。所以在滴定前应将溶液稀释并加入糊精、淀粉等亲水性高分子化合物,防止胶体的凝聚。同时应避免溶液中存在大量电解质,因带电离子会使胶体凝聚而破坏胶体。

2. 选择吸附力适当的指示剂　胶粒对指示剂离子的吸附能力应略小于对被测离子的吸附能力,即滴定稍过化学计量点时,胶粒就立即吸附指示剂阴离子而变色。但沉淀胶粒对指示剂阴离子的吸附能力也不能太小,否则终点出现过迟,产生正误差。

卤化银胶体对卤素离子和几种常用吸附指示剂的吸附能力大小次序为:
$$I^- > 二甲基二碘荧光黄 > Br^- > 曙红 > Cl^- > 荧光黄$$

测定 Cl⁻ 和 Br⁻ 时,分别选用何种吸附指示剂为宜?

3. 溶液的酸度要适当　一般吸附指示剂大多为有机弱酸,而起指示作用的主要是指示剂的阴离子。由于各种吸附指示剂的 K_a 值不同,所以应控制溶液的酸度使有利于指示剂以阴离子的形式存在。例如 K_a 值约为 10^{-7} 的荧光黄,可在 pH=7.0~10.0 的中性或弱碱性条件下使用。K_a 值约为 10^{-4} 二氯荧光黄,其酸性稍强,适应的范围就大一些,可在 pH=4.0~10.0 的范围内进行滴定。虽然在强碱性溶液中有利于指示剂的离解,但 Ag^+ 在强碱性溶液中能生成氧化银沉淀,故吸附指示剂不能在强碱性溶液中使用。

4. 避免在强光照射下滴定　因为卤化银胶体极易感光分解析出灰黑色的金属银,影响终点的观察。因此,在滴定过程中应避免强光照射。

第三节　标准溶液的配制和标定

一、硝酸银标准溶液的配制

(一)直接配制法

0.1mol/L AgNO₃ 标准溶液的配制　精密称取在 110℃干燥至恒重的基准试剂硝酸银约 4.3g(称量至 0.0001g)置于烧杯中,用少量纯化水溶解完全后,定量转移至 250ml 的棕色容量瓶中,加纯化水稀释至刻度线,摇匀即可。按下式计算硝酸银标准溶液的浓度:

$$c_{AgNO_3} = \frac{m_{AgNO_3}}{V_{AgNO_3} \times M_{AgNO_3}} \times 10^3$$

(二)间接配制法

对不符合基准物质要求的 AgNO₃,需用间接法配制。先配成近似浓度的溶液,再用基准 NaCl 标定。如配制 0.1mol/L AgNO₃ 标准溶液,则可在托盘天平上称取分析纯硝酸银约 8.6g 置于烧杯中,用纯化水溶解完全后稀释至 500ml,摇匀置于棕色瓶中保存,待标定。

二、硝酸银标准溶液的标定

标定 AgNO₃ 标准溶液最常用的基准物质为 NaCl,NaCl 容易吸潮,所以使用前在 500~600℃的温度中灼烧至恒重,然后保存在干燥器中备用。标定时取干燥过的基准氯化钠约 0.2g(称准至 0.0001g),置 250ml 锥形瓶中,加 50ml 蒸馏水溶解,再加入糊精溶液 5ml、碳酸钙 0.1g 与荧光黄指示剂 5~8 滴,用待标定的 AgNO₃ 溶液滴定至混浊溶液由黄绿色变为粉红色即为终点。

计算公式:

$$c_{AgNO_3} = \frac{m_{NaCl}}{V_{AgNO_3} \times M_{NaCl}} \times 10^3$$

1. 铬酸钾指示剂法是用 K_2CrO_4 作指示剂,以 AgNO₃ 标准溶液作滴定液,在中性或弱碱性溶液(pH6.5~10.5)中直接测定氯化物或溴化物的滴定方法。

2. 吸附指示剂法是用 $AgNO_3$ 作为滴定液,选择吸附能力略小于被测离子的吸附指示剂确定滴定终点的银量法。可以测定 Cl^-、Br^-、SCN^-、I^-、Ag^+。

3. 硝酸银标准溶液的配制可以采取直接配制法和间接配制法。间接配制法常用基准 NaCl 标定。

(何文涛)

 目标测试

一、单项选择题

1. 铬酸钾指示剂法适宜的酸碱环境是
   A. 中性或弱碱性   B. 酸性   C. 氨碱性
   D. 强碱性   E. 强酸性

2. 铬酸钾指示剂法的标准溶液为
   A. K_2CrO_4 B. $AgNO_3$ C. $AgCl$
   D. $NaCl$ E. $K_2Cr_2O_7$

3. 铬酸钾指示剂法的终点为
   A. K_2CrO_4 黄色沉淀   B. Ag_2CrO_4 白色沉淀   C. $AgCl$ 白色沉淀
   D. $AgSCN$ 白色沉淀   E. Ag_2CrO_4 砖红色沉淀

4. 铬酸钾指示剂浓度的实际用量应比理论计算量
   A. 大些   B. 一样   C. 略少些
   D. 少很多   E. 大很多

5. 铬酸钾指示剂法,如果溶液碱性过强,中和所用试剂是
   A. Na_2CO_3 B. $NaHCO_3$ C. 食醋
   D. HNO_3 E. 硫酸

6. 铬酸钾指示剂法适宜的 pH 为
   A. 4.5~6.5   B. 6.5~7.5   C. 5.5~10.5
   D. 6.5~12.5   E. 6.5~10.5

7. 吸附指示剂本身是
   A. 有机弱酸   B. 无机弱酸   C. 有机弱碱
   D. 无机弱碱   E. 中性物质

8. 吸附前后产生明显颜色变化的是吸附指示剂的
   A. 阳离子   B. 阴离子   C. H^+
   D. OH^- E. $HFIn^-$

9. 吸附指示剂法在开始滴定前,应加入
   A. 硝基苯   B. 糊精   C. $NaHCO_3$
   D. HNO_3 E. $NaCl$

二、填空题

10. 铬酸钾指示剂法中指示剂的浓度必须合适,若太大,终点将_____,若太小,终点

将_____。

11. 铬酸钾指示剂法宜在 pH=_____进行滴定,若溶液为酸性,CrO_4^{2-} 将与 H^+ 形成_____,甚至转化成_____;在碱性溶液中会产生_____。

三、简答题

12. 沉淀滴定反应必须具备哪些条件?

13. 吸附指示剂法的原理是什么? 滴定条件有哪些?

四、计算题

14. 称取食盐 0.2000g 溶入水后,以 K_2CrO_4 为指示剂,用 0.1500mol/LAgNO₃ 标准溶液滴定至终点,消耗 22.50ml。计算食盐中 NaCl 的含量。

15. 吸附指示剂法测定某试样中碘化钾含量时,称取试样 1.6520g,溶于水后,用 0.0500mol/LAgNO₃ 标准溶液滴定,消耗 20.00ml。计算试样中 KI 的含量。

第六章 配位滴定法

1. 掌握 EDTA 与金属离子形成配合物的特点;金属指示剂的变色原理。
2. 熟悉 影响配合物稳定性的因素;EDTA 标准溶液的配制与标定;分析结果的计算。
3. 了解 配位滴定法的应用;常用金属指示剂的使用条件。

配位滴定法是以配位反应为原理的滴定分析法。能进行配位滴定的配位反应必须具备下列条件:

1. 配位反应必须完全,生成的配合物要稳定($K_{稳} \geq 10^8$)。
2. 反应必须按一定的反应式定量进行。
3. 反应必须迅速,并且生成可溶性的配合物。
4. 有适当的方法指示滴定终点。

按此要求,目前应用较多的是乙二胺四乙酸及其二钠盐(简称 EDTA)。

第一节 乙二胺四乙酸

 案例

血钙的测定

血钙几乎全部存在于血浆中,Ca^{2+} 具有极其重要的生理作用。测定血钙的方法很多,一般分为滴定法、比色法、火焰光度法、原子吸收法和离子选择电极法等。其中较普遍应用的是配位滴定法。常用 EDTA 作为标准溶液,指示剂有钙黄绿素与钙红。

请问:1. 什么是配位滴定法? 其作用原理是什么?
      2. EDTA 与钙离子必须在什么条件下进行反应?

一、乙二胺四乙酸的性质

乙二胺四乙酸简称 EDTA,其结构式为:

$$HOOC-H_2C \diagdown \quad \diagup CH_2-COOH$$
$$\qquad\qquad N-CH_2-CH_2-N$$
$$HOOC-H_2C \diagup \quad \diagdown CH_2-COOH$$

EDTA 可用简式 H_4Y 表示,其主要性质如下:

 考点提示

EDTA 的性质

（一）溶解性

1. EDTA 为白色粉末状结晶,无臭、无毒,微溶于水,难溶于酸及一般有机溶剂,易溶于苛性碱溶液和氨性溶液中,生成相应的盐。在室温时,每 100ml 水中只能溶解 0.02g EDTA,其水溶液显酸性,pH 约为 2.3。

由于 H_4Y 在水中的溶解度较小,不宜作配位滴定的滴定液。其二钠盐的溶解度较大,且易于精制,因此 EDTA 滴定液常用 $Na_2H_2Y \cdot 2H_2O$ 配制。

2. EDTA 二钠盐可用 $Na_2H_2Y \cdot 2H_2O$ 表示,简称 EDTA 二钠,通常也称为 EDTA。$Na_2H_2Y \cdot 2H_2O$ 为白色结晶粉末,无臭无毒,在水中有较大的溶解度,室温时每 100ml 水中能溶解 11.1 g,水溶液呈弱酸性,pH 约为 4.8。

（二）酸性

实验证明,EDTA 在酸性较高的溶液中,H_4Y 的两个羧酸根可接受 H^+,形成 H_6Y^{2+},因此 EDTA 相当于一个六元酸,有六级电离平衡。在水溶液中,EDTA 总是以 H_6Y^{2+}、H_5Y^+、H_4Y、H_3Y^-、H_2Y^{2-}、HY^{3-}、Y^{4-} 七种形式存在。只是在不同的 pH 时,EDTA 的主要存在形式不同。见表 6-1。

表 6-1 不同 pH 时 EDTA 的主要存在形式

pH 范围	<1	1~1.6	1.6~2.0	2.0~2.67	2.67~6.16	6.16~10.26	>10.26
主要存在形式	H_6Y^{2+}	H_5Y^+	H_4Y	H_3Y^-	H_2Y^{2-}	HY^{3-}	Y^{4-}

（三）配位性

1. EDTA 与金属离子的作用形式　在进行配位反应时,只有 Y^{4-} 才能与金属离子直接配合。Y^{4-} 一般可简写成 Y,[Y]称为 EDTA 的有效浓度。

2. EDTA 的配位能力与溶液 pH 的关系　当溶液 pH>10.26 时,EDTA 主要以 Y^{4-} 的形式存在。溶液的 pH 越大,Y^{4-} 的浓度越大。因此,在碱性溶液中,EDTA 的配位能力最强。

 知识链接

EDTA 的妙用

EDTA 能与细菌生长所必需的某些金属离子配位。所以,具有抑制细菌生长作用。

EDTA 可作掩蔽剂,在各种分离、测定方法中掩蔽干扰离子。

EDTA 的钙盐是排除人体内铀、钍、钌等放射性元素的高效解毒剂,又是铅中毒的解毒剂。因为 PbY^{2-} 比 CaY^{2-} 更稳定。故 CaY^{2-} 中的 Ca^{2+} 被 Pb^{2+} 取代而成为无毒的可溶性配合物,经肾脏排出体外。

血站或医院的血库保存血液,常加少量 EDTA 的钠盐与血液中游离的 Ca^{2+}、Mg^{2+} 配位,可防止血液凝固。由此可见,EDTA 在生产、生活、医疗、科技等方面均有不可比拟的作用。

二、EDTA 与金属离子形成配合物的特点

1. 形成 1∶1 型配合物　由于一个 EDTA 分子能够提供六对电子对来满足大多数金属离子的配位数,因此无论金属离子是几价的,都是按以下反应式

 考点提示

EDTA 与金属离子形成配合物的特点

进行配位反应,形成 1：1 型配合物。

$$M+Y \rightleftharpoons MY$$

2. **稳定性高** EDTA 与大多数金属离子配合时,通常能形成具有多个五元螯合环结构的配合物,故配合物的稳定性高。常见金属离子与 EDTA 所形成配合物的 $\lg K_{稳}$ 见表 6-2。

表 6-2 常见金属离子与 EDTA 所形成配合物的 $\lg K_{稳}$(20℃)

金属离子	配合物	$\lg K_{稳}$	金属离子	配合物	$\lg K_{稳}$
Na^+	NaY^{3-}	1.66	Co^{2+}	CoY^{2-}	16.31
Ag^+	AgY^{3-}	7.32	Zn^{2+}	ZnY^{2-}	16.50
Ba^{2+}	BaY^{2-}	7.86	Pb^{2+}	PbY^{2-}	18.30
Mg^{2+}	MgY^{2-}	8.64	Cu^{2+}	CuY^{2-}	18.70
Ca^{2+}	CaY^{2-}	10.69	Hg^{2+}	HgY^{2-}	21.80
Mn^{2+}	MnY^{2-}	13.87	Cr^{3+}	CrY^-	23.00
Fe^{2+}	FeY^{2-}	14.33	Fe^{3+}	FeY^-	25.10
Al^{3+}	AlY^-	16.11	Co^{3+}	CoY^-	36.00

在一定条件下,只有 $\lg K_{稳} \geq 8$ 时,才能用于配位滴定。

3. **可溶性** 大多数形成的配合物可溶于水。

4. **配合物的颜色** EDTA 与无色的金属离子形成的配合物无色,与有色的金属离子形成的配合物颜色加深。例如:

Mg^{2+}	MgY^{2-}	Mn^{2+}	MnY^{2-}	Cu^{2+}	CuY^{2-}
无色	无色	肉红色	紫红色	淡蓝色	深蓝色

三、影响 EDTA 与金属离子配合物稳定性的因素

(一) 溶液 pH 的影响

1. **滴定允许的溶液最低 pH** 实验证明,溶液的 pH 对各种金属离子与 EDTA 生成的配合物稳定性影响不同。在酸性较弱的条件下,稳定性较低的配合物即可解离;稳定性较高的配合物,只有在酸性较强时才会解离。例如:

考点提示
最高酸度与最低酸度

MgY^{2-}：$\lg K_{稳} = 8.7$,pH5~6 时,MgY^{2-} 几乎全部解离。

ZnY^{2-}：$\lg K_{稳} = 16.5$,pH5~6 时,ZnY^{2-} 稳定存在。

FeY^-：$\lg K_{稳} = 25.1$,pH1~2 时,FeY^- 稳定存在。

因此,EDTA 滴定每一种金属离子时,溶液都必须控制在一定的 pH 之上进行。此时溶液的 pH 称为滴定该金属离子允许的溶液最低 pH(也称最高酸度),此时金属离子与 EDTA 生成的配合物刚好能稳定存在。如果滴定时溶液的 pH 低于该种金属离子的最低 pH,也就不能直接进行滴定。常见金属离子用 EDTA 滴定时的最低 pH 见表 6-3。

表 6-3 EDTA 滴定金属离子的最低 pH

金属离子	$\lg K_{稳}$	pH	金属离子	$\lg K_{稳}$	pH
Mg^{2+}	8.64	9.7	Zn^{2+}	16.50	3.9
Ca^{2+}	10.96	7.5	Pb^{2+}	18.04	3.2

续表

金属离子	lg$K_{稳}$	pH	金属离子	lg$K_{稳}$	pH
Mn^{2+}	13.87	5.2	Cu^{2+}	18.70	2.9
Fe^{2+}	14.33	5.0	Hg^{2+}	21.80	1.9
Al^{3+}	16.11	4.2	Sn^{2+}	22.10	1.7
Co^{2+}	16.31	4.0	Fe^{3+}	25.10	1.0

从表 6-3 中可以发现,稳定性不同的配合物其滴定的最低 pH 不一样。配合物的 lg$K_{稳}$ 越大,则滴定时溶液的最低 pH 越小。因此,可利用调节溶液 pH 的方法,在几种离子同时存在时,滴定某种离子或进行混合物的连续滴定。如 Cu^{2+} 和 Ca^{2+} 共存时,可先调节溶液呈酸性,用 EDTA 滴定 Cu^{2+},此时 Ca^{2+} 不干扰 Cu^{2+} 测定,因为在酸性溶液中 Ca^{2+} 不能与 EDTA 反应,而 Cu^{2+} 能与 EDTA 形成相当稳定的配合物。当 Cu^{2+} 被滴定完后,再调节溶液呈碱性,继续用 EDTA 滴定 Ca^{2+}。

2. 滴定允许的溶液最高 pH 实际测定中并不是溶液的 pH 越高测定就越好,当溶液的 pH 升高,配合物 MY 虽然能稳定存在,但金属离子在 pH 较高的溶液中却会发生水解生成氢氧化物沉淀,使[M]降低,配合反应不完全,影响滴定的进行。被滴定的金属离子刚开始发生水解时溶液的 pH 称为滴定允许的最高 pH(也称最低酸度)。

滴定金属离子的适宜酸度范围是滴定某一金属离子的允许最高 pH 与最低 pH 之间的 pH 范围。

3. 酸度的控制 由于在滴定过程中,EDTA 会不断地释放出 H^+,使溶液的 pH 降低。例如,用 EDTA 滴定 Mg^{2+} 时,其反应如下:

$$Mg^{2+} + H_2Y^{2-} \rightleftharpoons MgY^{2-} + 2H^+$$

在反应过程中不断产生 H^+,而使溶液的 pH 降低。为了消除反应中产生的 H^+ 的影响,在进行滴定时需要加入一定量的缓冲溶液,以维持溶液的 pH 始终在允许的范围之内。

(二) 其他配位剂的影响

在滴定时,如果溶液中存在有能够与金属离子发生配位反应的其他配位剂,就有可能对滴定产生影响。是否发生影响主要从两方面来考虑:

1. 稳定性 金属离子与 EDTA 或其他配位剂(Z)形成配合物的稳定性大小。

2. 浓度 其他配位剂的浓度大小。如果其他配位剂的浓度不是太大,且 lg$K_{稳 MY}$≫lg$K_{稳 MZ}$,则其他配位剂存在对金属离子测定无影响。若其他配位剂浓度较大,而 lg$K_{稳 MZ}$>lg$K_{稳 MY}$,或者两者相差不大,则该金属离子不能与 EDTA 配位或配位不完全,会对测定造成影响。

第二节 金属指示剂

在配位滴定中,通常需要加入一种能与金属离子生成有色配合物的配位剂来确定滴定终点,这种配位剂称为金属离子指示剂,简称金属指示剂。

一、金属指示剂的作用原理

(一) 性质

金属指示剂多为有机染料,同时也是配位剂(用 In 表示),它能与被滴定的金属离子反应,生成一种与染料本身颜色有显著差别的配合物。

(二) 作用原理

1. 滴定前

$$M+In \rightleftharpoons MIn$$
$$\text{颜色 1} \quad \text{颜色 2}$$

2. 滴定开始至终点前

$$M+Y \rightleftharpoons MY$$

3. 终点时

$$MIn+Y \rightleftharpoons MY+In$$
$$\text{颜色 2} \qquad \text{颜色 1}$$

当溶液由配合物的颜色转变为指示剂本身的颜色时,即显示滴定终点到达。

现以铬黑 T(EBT) 为指示剂,用 EDTA 滴定 Mg^{2+} 为例,说明金属指示剂的变色原理。

铬黑 T 在 pH 7~11 时呈蓝色,与 Mg^{2+} 配位后生成红色的配合物。

滴定前

$$Mg^{2+}+EBT \rightleftharpoons Mg\text{-}EBT$$
$$\text{蓝色} \qquad \text{红色}$$

滴定开始,随着 EDTA 的加入,溶液中游离的 Mg^{2+} 不断与 EDTA 反应,生成无色的 Mg-EDTA,溶液仍呈现红色。

$$Mg^{2+}+EDTA \rightleftharpoons Mg\text{-}EDTA$$
$$\text{无色}$$

终点时由于 Mg-EBT 的稳定性小于 Mg-EDTA 的稳定性,加入的 EDTA 除将溶液中游离的 Mg^{2+} 完全反应外,微过量的 EDTA 就会置换出 Mg-EBT 中的 EBT,溶液由红色变为蓝色,指示滴定终点到达。

$$Mg\text{-}EBT+EDTA \rightleftharpoons Mg\text{-}EDTA+EBT$$
$$\text{红色} \qquad\qquad\qquad \text{蓝色}$$

 知识链接

金属指示剂应具备的条件

1. 指示剂 In 的颜色与生成配合物 MIn 的颜色应有明显的差异。

2. 配合物 MIn 要具有一定的稳定性($\lg K_{稳}>4$)。如 MIn 的稳定性太低,会使终点提前。但 MIn 的稳定性应小于 MY 的稳定性。一般要求 $\lg K_{稳\,MgEDTA}-\lg K_{稳\,MIn}\geq2$。这样终点时 EDTA 才能夺取 MIn 中的 M,使 In 游离出来而变色。

3. 指示剂与金属离子发生的配位反应必须灵敏、快速并且有良好的变色可逆性。

4. 指示剂要具备一定的选择性,在滴定时只对需要测定的离子发生显色反应。

5. 指示剂应便于使用和贮存。

二、常用的金属指示剂

1. **铬黑 T** 简称 EBT,为带有金属光泽的黑褐色粉末。在水溶液中,随着 pH 不同会呈现出 3 种不同的颜色:当 pH<6 时,显红色;当 7<pH<11 时,显蓝色;当 pH>12 时,显橙色。

由此可见,配位滴定中的指示剂也要求在一定的 pH 范围内使用。因此,铬黑 T 只能在 pH 7~11 的条件下使用才有明显的颜色变化(红色→蓝色)。

固体铬黑 T 相当稳定,而其水溶液易发生分子聚合,不再与金属离子显色。常用配制方法:①铬黑 T 与干燥 NaCl 按 1:100 的比例混合研细后存于干燥器内,用时取少许即可;②称取 0.1g 铬黑 T,溶于 15ml 三乙醇胺中,加入 5ml 无水乙醇即得。此溶液可保存数个月不变质。

铬黑 T 可与许多金属离子,如 Ca^{2+}、Mg^{2+}、Mn^{2+}、Zn^{2+}、Cd^{2+}、Pb^{2+} 等形成红色的配合物,故测定上述离子时常用铬黑 T 作指示剂。

2. 钙指示剂 简称 NN(又称钙紫红素),为紫黑色粉末,水溶液或乙醇溶液均不稳定,其水溶液也随溶液 pH 不同而呈不同的颜色:pH<7 时显红色;pH8~13.5 时显蓝色;pH>13.5 时显橙色。

在 pH 12~13 时,它与 Ca^{2+} 形成红色配合物,所以常在此条件下用其作指示剂测定钙的含量,终点溶液由酒红色变成蓝色。

使用时通常与干燥的 NaCl 固体研匀配成 1:100 固体混合物使用。

 课堂互动

铬黑 T 使用时的适宜 pH 值为多少? 为何在此 pH 值范围内使用?

第三节 标准溶液的配制与标定

一、0.05mol/L EDTA 标准溶液的配制

EDTA 滴定液常用 EDTA 二钠盐($Na_2H_2Y \cdot 2H_2O$,相对分子质量为 372.2)配制。

1. 直接配制法 精密称取干燥后的分析纯 $Na_2H_2Y \cdot 2H_2O$ 约 19g(称量至 0.0001g)置于烧杯中,加入适量的温蒸馏水使其溶解,冷却后定量转移至 1000ml 容量瓶中,稀释至标线,摇匀。按下式计算浓度:

$$c_{EDTA} = \frac{m_{EDTA}}{V_{EDTA} M_{EDTA}} \times 10^3$$

2. 间接配制法 用托盘天平粗略称取 19g $Na_2H_2Y \cdot 2H_2O$,溶于 300ml 温热蒸馏水中,冷却后稀释至 1000ml,混匀并贮于硬质玻璃瓶或聚乙烯塑料瓶中。

二、0.05mol/L EDTA 标准溶液的标定

Zn 或 ZnO 是标定 EDTA 滴定液常用的基准物质,现以 Zn 为例说明标定方法。

精密称取金属锌约 0.3g(准确至 0.0001g),置于 100ml 烧杯中,加入 6mol/L 的 HCl 试剂 10ml,盖上表面皿,等完全溶解后,用蒸馏水冲洗表面皿和烧杯壁,将溶液转入 250ml 容量瓶中,用水稀释至刻度并摇匀。

用 25ml 移液管准确移取上述锌溶液 25.00ml 于 250ml 锥形瓶中,加入 20~30ml 蒸馏水,在不断摇动下滴加 6mol/L $NH_3 \cdot H_2O$ 至产生白色沉淀,继续滴加 6mol/L $NH_3 \cdot H_2O$ 至沉淀恰好溶解。加入氨性缓冲溶液(pH=10)10ml 及铬黑 T 指示剂数滴(此时溶液为紫红色),用待标定的 EDTA 滴定至溶液由紫红色变为纯蓝色即为终点。按下式计算 EDTA 的浓度:

$$c_{EDTA} = \frac{m_{Zn} \times \dfrac{25.00}{250.0}}{V_{EDTA} \times M_{Zn}} \times 10^3$$

 本章小结

1. 配位滴定的标准溶液是EDTA,在水中发生六级电离,有七种存在形式,与金属离子配位的形式是Y^{4-},其滴定原理为:$M+Y \rightleftharpoons MY$。

2. EDTA与金属离子形成配合物的主要特点:形成1:1型配合物;稳定性高;多数易溶于水;与无色金属离子形成无色配合物,与有色金属离子形成配合物的颜色加深。

3. 影响EDTA与金属离子配合物稳定性的因素主要有溶液的pH和其他配位剂。

4. 滴定所用指示剂为金属指示剂,其为配位剂,能与金属离子发生反应生成与其本身颜色明显不同的配合物,指示滴定终点。常用的指示剂有:铬黑T(适用pH条件:7~11;终点颜色变化:酒红色→蓝色;直接测定离子:Ca^{2+}、Mg^{2+}、Pb^{2+})、钙指示剂(适用pH条件:12~13;终点颜色变化:紫色→纯蓝色;直接测定离子:Ca^{2+})。

(王 虎)

目标测试

一、单项选择题

1. pH=11的溶液中,EDTA的主要存在形式是

   A. H_6Y^{2+} B. H_4Y C. H_2Y^{2-}

   D. Y^{4-} E. 无法判断

2. 用EDTA配位滴定法测定Mg^{2+}含量,以EBT为指示剂,指示终点的物质是

   A. Mg-EDTA   B. EBT   C. Mg-EBT

   D. Mg^{2+} E. 无法判断

3. EDTA与金属离子生成的配合物刚好能稳定存在时溶液的pH称为

   A. 最佳pH   B. 最低pH   C. 最高pH

   D. 最适宜pH   E. 无法判断

4. EDTA与无色金属离子生成的配合物的颜色是

   A. 红色   B. 蓝色   C. 绿色

   D. 无色   E. 黄色

5. 在pH=10的溶液中,铬黑T指示剂的颜色是

   A. 红色   B. 蓝色   C. 酒红色

   D. 黄色   E. 橙色

6. EDTA与大多数金属离子配位时的配位比是

   A. 1:1   B. 1:2   C. 2:3

   D. 6:1   E. 无法判断

7. 标定EDTA标准溶液的浓度应选择的基准物质是

   A. 硼砂   B. 无水碳酸钠   C. 氧化锌

   D. 邻苯二甲酸氢钾   E. 草酸钠

8. 在一定条件下,只有当金属离子与配位剂生成的配合物的 $\lg K_稳$ 满足以下条件时才能用于配位滴定

    A. $\lg K_稳 \geqslant 6$ B. $\lg K_稳 \geqslant 10^{-6}$ C. $\lg K_稳 \leqslant 8$

    D. $\lg K_稳 \geqslant 8$ E. $\lg K_稳 \geqslant 10^{-8}$

9. EDTA 不能直接滴定的离子是

    A. Na^+ B. Mg^{2+} C. Ca^{2+}

    D. Zn^{2+} E. Fe^{3+}

10. 下列关于水的硬度的叙述,错误的是

    A. 水的硬度是水质的重要指标之一

    B. 水的硬度是指水中 Ca^{2+}、Mg^{2+} 总量

    C. 水的总硬度常用的测定方法是 EDTA 配位滴定法

    D. 测定水的总硬度时,使用铬黑 T 指示剂指示滴定终点

    E. 水的硬度是指水中 H^+ 总量

11. 滴定时,溶液 pH 为 8 时,EDTA 不能够测定的离子是

    A. Mg^{2+}(最低 pH=9)   B. Al^{3+}(最低 pH=4.2)   C. Zn^{2+}(最低 pH=3.9)

    D. Cu^{2+}(最低 pH=2.9)   E. Fe^{3+}(最低 pH=1)

12. 以铬黑 T 为指示剂,EDTA 直接测定金属离子含量时,终点颜色变化为

    A. 由无色变为红色   B. 由红色变为橙色   C. 由无色变为蓝色

    D. 由红色变为蓝色   E. 由蓝色变为红色

13. EDTA 同阳离子结合生成

    A. 螯合物   B. 聚合物   C. 离子交换剂

    D. 非化学计量的化合物   E. 水合物

二、填空题

14. 铬黑 T 简称_____,适用的 pH 条件是_____,滴定终点时颜色的变化是_____。

15. EDTA 在水溶液中一般以_____种形式存在,其中只有_____形式才能与金属离子直接配位。

16. 配合物的稳定程度通常用_____或_____表示。

17. 被滴定的金属离子刚开始发生水解时溶液的 pH 称为_____。

三、计算题

18. 临床上测定葡萄糖酸钙的含量操作如下:精密称取葡萄糖酸钙试样 0.5312g 置锥形瓶中,加水微热溶解后,用 NaOH 调节溶液 pH 至 12~13,加钙指示剂,用 0.05020mol/L EDTA 标准溶液滴定,用去 19.86ml。计算试样中葡萄糖酸钙的含量(葡萄糖酸钙 $C_{12}H_{22}O_{14}Ca \cdot H_2O = 448.4$)。

19. 精密量取水样 100.0ml,用氨性缓冲溶液调节 pH=10,以铬黑 T 为指示剂,用浓度为 0.05026mol/L 的 EDTA 标准溶液滴定至终点,消耗 6.00ml,计算水的总硬度。

第七章 氧化还原滴定法

学习目标

1. **掌握** 碘量法和高锰酸钾法的基本原理、测定条件和指示剂。
2. **熟悉** 碘标准溶液、硫代硫酸钠标准溶液、高锰酸钾标准溶液的配制与标定。
3. **了解** 氧化还原滴定法的特点;提高氧化还原反应速率的措施。

第一节 概 述

氧化还原滴定法是以氧化还原反应为基础的滴定分析方法。

一、氧化还原滴定法的特点及分类

氧化还原反应是基于氧化剂和还原剂之间电子转移的反应,反应机制比较复杂,反应速率较慢,且常伴有副反应发生。因此,能用于滴定分析的氧化还原反应必须具备以下条件:

1. 反应必须按化学反应式的计量关系定量完成。
2. 反应速率快。
3. 有适当的方法指示化学计量点。

根据使用的标准溶液不同,氧化还原滴定法可分为碘量法、高锰酸钾法、亚硝酸钠法、重铬酸钾法、溴酸钾法等。应用最多的是碘量法和高锰酸钾法。

二、提高氧化还原反应速率的措施

(一) 增大反应物浓度

根据质量作用定律,反应物浓度越大反应速率越快。

例如,在酸性溶液中,可通过增大 I^- 或 H^+ 的浓度来加快下列反应速率。

$$Cr_2O_7^{2-}+6I^-+14H^+ \rightleftharpoons 2Cr^{3+}+3I_2+7H_2O$$

(二) 升高溶液温度

对于大多数反应,升高温度可加快反应速率。实践证明,温度每升高 10℃,反应速率可变为原来的 2~4 倍。

例如,在酸性溶液中,MnO_4^- 和 $C_2O_4^{2-}$ 的反应:

$$2MnO_4^-+5C_2O_4^{2-}+16H^+ \rightleftharpoons 2Mn^{2+}+10CO_2\uparrow+8H_2O$$

此反应在室温时速率较慢,若将溶液温度升高至 75℃~85℃,反应速率可显著加快。

（三）加催化剂

催化剂可大大加快反应速率,缩短反应达到平衡的时间。

例如,Mn^{2+} 可作 MnO_4^- 和 $C_2O_4^{2-}$ 反应的催化剂。实际操作中可利用反应生成的 Mn^{2+} 作催化剂,而勿需另加。这种由反应过程中产生的生成物所引起的催化反应称为自动催化反应,此现象称为自动催化现象。

第二节 碘 量 法

碘量法是利用 I_2 的氧化性或 I^- 的还原性测定物质含量的方法。碘量法分为直接碘量法和间接碘量法。

一、直接碘量法

（一）原理

利用 I_2 的氧化性直接测定还原性较强物质含量的方法,又称为碘滴定法。硫化物、亚硫酸盐、亚砷酸盐、亚锡盐、亚锑酸盐、维生素 C 等,均可用碘标准溶液直接滴定。

考点提示

　　直接碘量法的原理与条件

（二）条件

滴定反应要在酸性、中性或弱碱性条件下进行。如果溶液的 pH>9.0,会发生下列副反应:

$$3I_2 + 6OH^- \rightleftharpoons IO_3^- + 5I^- + 3H_2O$$

所以,直接碘量法的应用有一定的限制。

（三）指示剂

直接碘量法的指示剂是淀粉溶液。淀粉指示剂应在滴定前加入,终点前淀粉在溶液中是无色的,化学计量点时,稍过量的 I_2 就能与淀粉结合而呈现蓝色,指示终点到达。

（四）标准溶液

直接碘量法的标准溶液是 I_2 溶液。

1. 0.05mol/L I_2 标准溶液的配制　由于 I_2 具有挥发性和腐蚀性,所以不适合直接法配制,常用间接法配制。

称取 I_2 13g,加 KI 36g 与水 50ml,溶解后加稀盐酸 3 滴,加水稀释至 1000ml,摇匀,贮存于棕色试剂瓶中备用。

2. 0.05mol/L I_2 标准溶液的标定　精密称取经 105℃ 干燥至恒重的 As_2O_3（俗称砒霜,剧毒）0.15g,加 1mol/L 氢氧化钠溶液 10ml,稍微加热使溶解,加蒸馏水 20ml,甲基橙指示剂 1 滴,滴加 0.5mol/L 硫酸溶液至溶液由黄色转变为粉红色,再加碳酸氢钠 2g,蒸馏水 50ml,淀粉指示剂 2ml,用待标定的 I_2 标准溶液滴定至溶液显浅蓝色为终点。

滴定反应为:

$$As_2O_3 + 6OH^- \rightleftharpoons 2AsO_3^{3-} + 3H_2O$$

$$AsO_3^{3-} + I_2 + 2HCO_3^- \rightleftharpoons AsO_4^{3-} + 2I^- + 2CO_2\uparrow + H_2O$$

按下式计算 I_2 标准溶液的浓度:

$$c_{I_2} = \frac{2m_{As_2O_3} \times 10^3}{M_{As_2O_3} V_{I_2}}$$

二、间接碘量法

(一)原理

利用 I^- 的还原性间接测定氧化性物质含量的方法,又称为滴定碘法。

考点提示

间接碘量法的原理与条件

测定中先将氧化性物质与过量的 I^- 反应析出定量的 I_2,然后用 $Na_2S_2O_3$ 标准溶液滴定析出的 I_2,根据消耗的 $Na_2S_2O_3$ 标准溶液的量计算出氧化性物质的含量。其基本反应为:

$$I_2 + 2S_2O_3^{2-} \rightleftharpoons 2I^- + S_4O_6^{2-}$$

(二)条件

1. 酸度 滴定反应在中性或弱酸性溶液中进行。开始反应时 $[H^+]$ 在 1mol/L 左右,以加快 I^- 氧化成 I_2 的反应速率。但当用 $Na_2S_2O_3$ 标准溶液滴定析出的 I_2 时,应加水稀释将溶液的酸度调至中性或弱酸性。

2. 加入过量的 KI 加入比计算值大 2~3 倍量的 KI,既可以加快反应速率,又有足够量的 I^- 与 I_2 反应生成 I_3^-,增大 I_2 的溶解度,防止 I_2 的挥发。

3. 在室温及避光条件下滴定 因为升温会增大 I_2 挥发性,降低指示剂的灵敏度;光照可加快 I^- 被空气中的氧氧化。

4. 在碘量瓶中滴定 I^- 被氧化成 I_2 的速率较慢,可将氧化性物质和过量的 KI 放在碘量瓶中,塞上碘量瓶盖,水封,在暗处放置 5~10 分钟,待完全反应后,立即用 $Na_2S_2O_3$ 标准溶液滴定析出的 I_2。

5. 避免剧烈振摇 目的是减少滴定过程中 I_2 的挥发。

(三)指示剂

间接碘量法的指示剂仍然是淀粉溶液,以蓝色的消失确定滴定终点。但指示剂应该在近终点时加入。加入过早,淀粉能和 I_2 形成大量稳定的蓝色配合物,造成终点变色不敏锐甚至出现较大的终点推迟,产生较大的滴定误差。

 知识链接

回蓝现象

在间接碘量法中,经常会遇到蓝色消失后,过一段时间又重新变蓝,即回蓝现象。

1. 若 5 分钟内回蓝,说明氧化性物质和 KI 反应不完全,氧化性物质仍有残留,应重新测定。

2. 若 5 分钟后回蓝,可认为碘量瓶中的 I^- 被空气中的氧氧化成 I_2,不影响实验结果。

(四)标准溶液

间接碘量法的标准溶液是 $Na_2S_2O_3$ 溶液。

1. 0.1mol/L $Na_2S_2O_3$ 标准溶液的配制 $Na_2S_2O_3 \cdot 5H_2O$ 晶体易风化潮解,且常含有少量 S、Na_2SO_4、Na_2SO_3、Na_2CO_3、NaCl 等杂质,而且新配制的 $Na_2S_2O_3$ 不稳定,能与溶解在水中的 CO_2、微生物和 O_2 等作用使其分解,故只能采用间接法配制。

在托盘天平上称取 $Na_2S_2O_3 \cdot 5H_2O$ 晶体约 26g,无水 Na_2CO_3 约 0.2g,加蒸馏水溶解后稀释至 1000ml,贮存于棕色瓶中,放置 8~10 天,待其浓度稳定后再标定。

配制 $Na_2S_2O_3$ 标准溶液时,应用新煮沸冷却后的蒸馏水,目的是杀死水中的微生物,同时可除去溶解在水中的 CO_2 和 O_2;加入少量的 Na_2CO_3,使溶液呈弱碱性,以抑制水中微生物的生长。

2. 0.1mol/L $Na_2S_2O_3$ 标准溶液的标定　标定 $Na_2S_2O_3$ 标准溶液常用 KIO_3、$KBrO_3$ 或 $K_2Cr_2O_7$ 等基准物质。由于 $K_2Cr_2O_7$ 价廉,性质稳定,易提纯,故最为常用。其标定反应如下:

$$Cr_2O_7^{2-}+6I^-+14H^+ \rightleftharpoons 2Cr^{3+}+3I_2+7H_2O$$

$$I_2+2S_2O_3^{2-} \rightleftharpoons 2I^-+S_4O_6^{2-}$$

精密称取一定质量的基准 $K_2Cr_2O_7$,加蒸馏水溶解,加硫酸酸化,再加过量的 KI,待反应进行完全后,加蒸馏水稀释,用待标定的 $Na_2S_2O_3$ 标准溶液滴定析出的 I_2,近终点时加入淀粉指示剂,滴定至溶液由蓝色变为亮绿色即为终点。按下式计算 $Na_2S_2O_3$ 标准溶液的浓度:

$$c_{Na_2S_2O_3} = \frac{6m_{K_2Cr_2O_7} \times 10^3}{M_{K_2Cr_2O_7} V_{Na_2S_2O_3}}$$

第三节　高锰酸钾法

案例

化学耗氧量的测定

化学耗氧量(COD)是指水体中还原性物质所消耗的氧化剂的量。该氧化剂的量可折算成氧的量,以 mg/L 计。它是表征水体中还原性物质的综合性指标。化学耗氧量的测定多用酸性高锰酸钾法。基本原理是:在水样中加入硫酸使之呈酸性,再加入一定量的高锰酸钾溶液,氧化还原性物质,用过量草酸钠还原剩余的高锰酸钾,再用高锰酸钾标准溶液回滴过量的草酸钠,根据消耗高锰酸钾标准溶液的量计算耗氧量。

请问:1. COD 的测定中,高锰酸钾的作用是什么?

2. 如何计算耗氧量?

一、原理

高锰酸钾滴定法是以 $KMnO_4$ 溶液为标准溶液,直接或间接的测定还原性或氧化性物质含量的分析法。

由于 $KMnO_4$ 在强酸性溶液中氧化能力最强,因此通常在强酸性溶液中进行滴定分析。滴定过程中由于生成几乎无色的 Mn^{2+},因此用 $KMnO_4$ 标准溶液滴定无色或浅色溶液,达到化学计量点时,稍过量的 $KMnO_4$ 即可使溶液显微红色(30 秒内不褪色)即为终点。这种利用标准溶液或被测溶液自身的颜色变化指示滴定终点的方法称为自身指示剂法。

根据被测组分的性质不同,高锰酸钾法可选择不同的滴定方式。

1. 直接滴定法　许多还原性较强的物质,如 Fe^{2+}、H_2O_2、$C_2O_4^{2-}$、AsO_3^{3-}、NO_2^- 等均可用 $KMnO_4$ 标准溶液直接滴定。

2. 返滴定法　某些氧化性物质不能用 $KMnO_4$ 标准溶液直接滴定,可采用返滴定法进行测定。如测定 MnO_2 的含量时,可在 H_2SO_4 溶液存在下,加入准确过量的基准 $Na_2C_2O_4$,待

MnO_2 与 $Na_2C_2O_4$ 反应完全后,再用 $KMnO_4$ 标准溶液滴定剩余的 $Na_2C_2O_4$,从而求出 MnO_2 的含量。

3. 间接滴定法 某些非氧化还原性物质,不能用直接滴定法或返滴定法进行滴定,但这些物质能与另一氧化剂或还原剂定量反应,可采用间接滴定法进行测定。如测定 Ca^{2+} 含量时,首先将 Ca^{2+} 沉淀为 CaC_2O_4,过滤后用稀 H_2SO_4 将 CaC_2O_4 溶解,然后用 $KMnO_4$ 标准溶液滴定溶液中的 $C_2O_4^{2-}$,从而间接求得 Ca^{2+} 含量。

二、条件

(一) 酸度

高锰酸钾法常在强酸性条件下进行滴定。常用 H_2SO_4 来调节溶液的酸度,$[H^+]$ 控制在 1~2 mol/L 为宜。酸度太高时,会导致 $KMnO_4$ 分解。不能用 HNO_3 或 HCl 来控制酸度。因为 HNO_3 具有氧化性,会与被测物反应;而 HCl 具有还原性,能与 $KMnO_4$ 反应。

考点提示

高锰酸钾法的测定条件

(二) 温度

为了加快反应速率,滴定前可将溶液加热到 75~85℃,趁热滴定。但是,在空气中易氧化或加热易分解的还原性物质则不能加热,如 H_2O_2、Fe^{2+} 等。

(三) 滴定速率

滴定开始时反应速率较慢,所以开始滴定速率要慢。但由于 Mn^{2+} 有自动催化作用,随着滴定的进行反应速率明显加快,滴定速率可适当加快。

三、指示剂

$KMnO_4$ 标准溶液作自身指示剂,终点的颜色为微红色(30 秒内不褪色)。

四、标准溶液

(一) 0.02mol/L $KMnO_4$ 标准溶液的配制

市售 $KMnO_4$ 纯度不够高,常含少量的 MnO_2 等杂质,蒸馏水中含有微量的还原性物质,可还原 $KMnO_4$;另外,$KMnO_4$ 能自行分解,且见光分解更快,所以,$KMnO_4$ 标准溶液只能用间接法配制。

在托盘天平上称取 1.6g 固体 $KMnO_4$ 置于烧杯中,加纯化水 500ml,搅拌溶解,煮沸 15 分钟,冷却后置于棕色试剂瓶中,在暗处静置 7~14 天,用前用垂熔玻璃漏斗过滤。

(二) 0.02mol/L $KMnO_4$ 标准溶液的标定

常用基准 $Na_2C_2O_4$ 标定 $KMnO_4$ 标准溶液。标定反应为:

$$2MnO_4^- + 5C_2O_4^{2-} + 16H^+ \rightleftharpoons 2Mn^{2+} + 10CO_2 + 8H_2O$$

准确称取在 105℃ 干燥至恒重的基准 $Na_2C_2O_4$ 0.2g,加新煮沸并冷却的蒸馏水 25ml 和 3mol/L H_2SO_4 溶液 10ml,振摇,溶解,水浴加热至 75~85℃,趁热用待标定的 $KMnO_4$ 标准溶液滴定至溶液呈微红色(30 秒内不褪色)。按下式计算 $KMnO_4$ 标准溶液的浓度:

$$c_{KMnO_4} = \frac{2}{5} \times \frac{m_{Na_2C_2O_4}}{M_{Na_2C_2O_4} V_{KMnO_4} \times 10^{-3}}$$

本章小结

1. 氧化还原滴定法是以氧化还原反应为基础的滴定分析方法。

2. 直接碘量法、间接碘量法与高锰酸钾法的比较

方法	直接碘量法	间接碘量法	高锰酸钾法
标准溶液	I_2	$Na_2S_2O_3$	$KMnO_4$
反应原理	I_2 的反应	$Na_2S_2O_3$ 的反应	$KMnO_4$ 的反应
滴定条件	酸性、中性或弱碱性	中性或弱酸性	H_2SO_4 强酸性溶液
指示剂	淀粉(滴定前加)	淀粉(近终点加)	$KMnO_4$
终点	蓝色出现	蓝色消失	淡红色
测定范围	直接测定还原性较强物质	间接测定氧化性物质	直接或间接测定还原性或氧化性物质

(接明军)

 目标测试

一、单项选择题

1. 氧化还原滴定法的分类依据是

   A. 滴定方式不同

   B. 所用指示剂不同

   C. 配制标准溶液所用的氧化剂不同

   D. 测定对象不同

   E. 滴定条件不同

2. 不属于氧化还原滴定法的是

   A. 铬酸钾法　　　　　　B. 高锰酸钾法　　　　　　C. 碘量法

   D. 重铬酸钾法　　　　　E. 亚硝酸钠法

3. 碘量法中,判断滴定终点错误的是

   A. 直接碘量法以溶液出现蓝色为终点

   B. 间接碘量法以溶液蓝色消失为终点

   C. 用碘标准溶液滴定硫代硫酸钠溶液时以溶液出现蓝色为终点

   D. 用硫代硫酸钠溶液滴定碘溶液时以溶液蓝色消失为终点

   E. 自身指示剂判断终点

4. 配制 $Na_2S_2O_3$ 溶液时,加入少量 Na_2CO_3 的作用是

   A. 增强 $Na_2S_2O_3$ 的还原性

   B. 防止 $Na_2S_2O_3$ 分解并杀灭水中微生物

   C. 作抗氧化剂

   D. 增强 I_2 的氧化性

   E. 中和 $Na_2S_2O_3$ 溶液的酸性

5. 用重铬酸钾标定硫代硫酸钠标准溶液时,下列说法错误的是
    A. 应在室温下进行   B. 加入过量的 KI 晶体
    C. 终点颜色是蓝色   D. 在中性或弱酸性条件下进行滴定
    E. 终点颜色是蓝色消失

6. 有关碘量法的叙述错误的是
    A. 直接碘量法是利用 I_2 的氧化性
    B. 间接碘量法是利用 I^- 的还原性
    C. 间接碘量法在强碱性条件下进行
    D. 间接碘量法终点为蓝色消失
    E. 直接碘量法终点为蓝色出现

7. 直接碘量法应控制的酸度条件错误的是
    A. 酸   B. 强碱性   C. 中性
    D. 弱酸性   E. 弱碱性

8. 间接碘量法中,加入 KI 的作用是
    A. 作氧化剂   B. 作还原剂   C. 作掩蔽剂
    D. 作沉淀剂   E. 作指示剂

9. 间接碘量法中加入淀粉指示剂的适宜时间是
    A. 滴定开始时   B. 滴定至近终点时   C. 滴定至溶液呈无色时
    D. 在滴定液滴定了 50% 后   E. 加过量碘化钾时

10. 在碘量法中,为了减少 I_2 的挥发,采用的措施错误的是
    A. 使用碘量瓶   B. 加入过量 KI   C. 滴定时不要剧烈摇动
    D. 滴定时加热   E. 加入淀粉指示剂

11. 高锰酸钾法确定终点是依靠
    A. 酸碱指示剂   B. 吸附指示剂   C. 金属指示剂
    D. 自身指示剂   E. 淀粉指示剂

12. 高锰酸钾法常用的介质是
    A. 盐酸   B. 硫酸   C. 硝酸
    D. 醋酸   E. 氨水

13. 高锰酸钾法测定 Ca^{2+} 时,所属的滴定方式是
    A. 直接法   B. 间接法   C. 返滴定法
    D. 剩余滴定法   E. 置换滴定法

14. 用基准草酸钠标定高锰酸钾标准溶液选用的指示剂是
    A. 铬酸钾指示剂   B. 淀粉指示剂   C. 高锰酸钾自身指示剂
    D. 酚酞指示剂   E. 铬黑 T 指示剂

15. 用基准草酸钠标定 $KMnO_4$ 标准溶液时,反应由慢而快的原因是
    A. 反应物浓度不断增加   B. 反应温度降低   C. 反应中生成了 Mn^{2+}
    D. 反应中 $[H^+]$ 增加   E. 反应中 $[H^+]$ 减少

二、填空题

16. 直接碘量法是利用_____的_____性,在_____、_____或_____条件下,测定_____性物质的含量。间接碘量法是利用_____的_____性与_____性

的物质反应产生定量的 I_2，然后用_____标准溶液滴定产生的 I_2，从而间接测定_____性物质的含量。碘量法的指示剂是_____，直接碘量法以_____确定终点，间接碘量法以_____确定终点。

17. 高锰酸钾标准溶液应采用_____法配制。标定高锰酸钾标准溶液常用的基准物质是_____，滴定时用_____调节强酸性，终点的颜色是_____。

三、简答题

18. 用 $KMnO_4$ 法测定还原性物质含量时，能否用 HNO_3 或 HCl 调节溶液的酸度？

19. 用间接碘量法测定氧化性物质含量时，淀粉指示剂应何时加入？

20. 配制碘标准溶液时，为什么要加入适量 KI？

四、计算题

21. 准确称取 0.1228g 基准 $K_2Cr_2O_7$ 于碘量瓶中，溶解于水后，加酸酸化，加入过量的 KI，待反应完全后，析出的 I_2 用 $Na_2S_2O_3$ 标准溶液滴定，终点时消耗 $Na_2S_2O_3$ 标准溶液 24.12ml。计算 $Na_2S_2O_3$ 标准溶液的浓度。（$M_{K_2Cr_2O_7}=294.18g/mol$）

第八章 电位分析法

根据物质在溶液中的电化学性质(电导、电位、电流和电量等)的强度或变化,对待测组分进行分析的方法称为电化学分析法。电位分析法是利用电极电位和溶液中某种离子的浓度之间的关系来测定被测物质浓度的一种电化学分析方法。电位分析法具有选择性好,干扰少,灵敏度高等特点,是目前在医学检验中应用较为广泛的一种电化学分析法。

第一节 参比电极和指示电极

电位分析中使用的电极有两种:一种是电位随溶液中待测离子浓度的变化而变化的电极,称为指示电极;另一种是电位不随待测离子浓度的变化而变化,具有恒定电位的电极,称为参比电极。

考点提示

指示电极与参比电极的概念

一、参比电极

常用的参比电极有甘汞电极和银 - 氯化银电极。

(一) 甘汞电极

甘汞电极是由汞、甘汞(Hg_2Cl_2)和氯化钾溶液组成。甘汞电极的反应式为:

$$Hg_2Cl_2(s) + 2e \rightleftharpoons 2Hg + 2Cl^-$$

298.15K 时,电极电位为:

$$\varphi_{Hg_2Cl_2/Hg} = \varphi^{\Theta}_{Hg_2Cl_2/Hg} + \frac{0.059}{2} \lg \frac{1}{[Cl^-]^2}$$

$$= \varphi^{\Theta}_{Hg_2Cl_2/Hg} - 0.059 \lg [Cl^-]$$

可以看出,甘汞电极的电位决定于 $[Cl^-]$,当 $[Cl^-]$ 一定时,甘汞电极的电位就是一个定值。如在 298.15K 时,不同浓度的 KCl 溶液的甘汞电极的电极电位分别为:

KCl 溶液浓度	0.1mol/L	1mol/L	饱和溶液
电极电位 φ(V)	0.3337	0.2801	0.2412

最常用的参比电极是饱和甘汞电极(SCE),其电位稳定,构造简单,保存和使用都很方便。

(二) 银 - 氯化银电极

Ag-AgCl 电极是由覆盖上一层 AgCl 的 Ag 丝浸入到 KCl 溶液中组成的,该电极制备简单,性能可靠。当[Cl⁻]一定时,Ag-AgCl 电极的电位也是一个定值。因此,常作离子选择性电极的内参比电极。

二、指示电极

指示电极的种类很多,本节主要介绍测定溶液 pH 的玻璃电极。

(一) 玻璃电极的构造和原理

玻璃电极的主要部分是玻璃管下端接的软质玻璃的球膜,球膜是由特殊成分的玻璃制成,膜厚约 0.05~0.1mm,玻璃球膜中装有 $0.1mol \cdot L^{-1}$HCl 和 KCl 组成的一定 pH 溶液,作为内参比溶液,溶液中插入一支银 - 氯化银电极作为内参比电极。

玻璃电极的电位是由膜电位和内参比电极的电位决定,而内参比电极的电位是一定值,而膜电位又决定于待测溶液的 pH,因此 25℃时玻璃电极的电位可表示为:

$$\varphi_{玻} = K_{玻} - 0.059pH_{待测}$$

其中 $K_{玻}$ 为常数,与玻璃电极的性质有关。从上式可以看出,玻璃电极的电极电位 $\varphi_{玻}$ 在一定条件下与待测溶液的 pH 呈线性关系。只要测出 $\varphi_{玻}$,便可求出待测溶液的 pH,这就是玻璃电极测定溶液 pH 的原理。

(二) 复合 pH 玻璃电极

目前采用玻璃电极和参比电极组装成复合 pH 玻璃电极,将它插入待测溶液中,就组成了一个原电池。复合 pH 玻璃电极的优点在于使用方便,体积小、坚固耐用、测定值较稳定等优点,广泛地用于溶液 pH 测定。

第二节 直接电位法

案例

血液 pH 的测定

pH 在医学中有重要的意义。正常人体各种体液都要保持在一定的 pH 范围内,以保证正常的生理活动。例如,正常人体血液的 pH 在 7.35~7.45 之间。当体内的酸碱平衡失调时,血液的 pH 是诊断疾病的一个重要参数。

请问:1. 你知道几种 pH 的检测方法?
　　　2. 如何精确测量血液的 pH 值?

一、电位法测定溶液的 pH

(一) 测定原理

用直接电位法测定溶液的 pH,常用的指示电极为玻璃电极,参比电极为饱和甘汞电极,将两支电极插入待测 pH 溶液中组成原电池,可表示为:

考点提示

饮用水 pH 的测定

$$(-) 玻璃电极 | 待测 pH 溶液 \parallel 饱和甘汞电极 (+)$$

25℃时该电池的电动势为:

$$E = \varphi_{饱和甘汞} - \varphi_{玻}$$
$$= 0.2412 - (K_{玻} - 0.059pH)$$
$$= 0.2412 - K_{玻} + 0.059pH$$

由于 $K_{玻}$ 是玻璃电极的性质常数,0.2412 是饱和甘汞电极在 25℃时的电位值,两者在一定条件下均为常数,因此 $K_{玻}$ 与 0.2412 的差值,可以视为一个新的常数,用 K 表示。即上式可表示为:

$$E = K + 0.059pH$$

此式表明,电池的电动势和溶液的 pH 呈线性关系。在 25℃时,溶液 pH 改变一个单位,电池的电动势随之变化 59mV,即通过测定电池的电动势就可求得待测溶液的 pH。

由于每支玻璃电极的性质常数 $K_{玻}$ 是不相同的,因此导致公式中常数 K 值很难确定。在具体测定时常用两次测定法以消除其影响。具体方法为:

首先测定一个用已知 pH 标准溶液(pH_s)构成原电池的电池电动势(E_s),已知该标准溶液的 pH_s 与 E_s 应满足下式:

$$E_s = K + 0.059pH_s$$

再测定由待测溶液(pH_x)构成原电池的电池电动势(E_x),待测溶液的 pH_x 与 E_x 满足下式:

$$E_x = K + 0.059pH_x$$

将两式相减并整理得:$pH_x = pH_s + \dfrac{E_x - E_s}{0.059}$

按上式计算待测溶液的 pH_x,只需知道 E_x 与 E_s 的测量值和 pH_s,不需知道常数 K 的数据,因此可消除由于 K 不确定性产生的误差。

在实际工作中,pH 计可直接显示出溶液的 pH,而不必通过上式计算被测溶液的 pH。

标准 pH 缓冲溶液是测定 pH 时用于校正仪器的基准试剂,其 pH 值的准确性直接影响测定结果的准确度。在选用标准缓冲溶液的 pH_s 时,应该尽可能地与待测溶液的 pH_x 相接近($\Delta pH < 2$),这样可减少测量误差。表 8-1 列出了不同温度下常用的标准缓冲溶液的 pH,供选用时参考。

表 8-1 不同温度时常用标准缓冲溶液的 pH

温度 (℃)	$0.05mol \cdot L^{-1}$ 草酸三氢钾	饱和酒石 酸氢钾	$0.05mol \cdot L^{-1}$ 邻苯二甲酸氢钾	$0.025mol \cdot L^{-1}$ KH_2PO_4 和 Na_2HPO_4	$0.01mol \cdot L^{-1}$ 硼砂
20	1.68	—	4.00	6.88	9.22
25	1.68	3.56	4.01	6.86	9.18

(二) pH 计

pH 计(又称酸度计)是用来测量溶液 pH 的精密仪器,也可用来测量原电池的电动势。pH 计因测量用途和精度不同而有多种不同的类型,实验室常用的 pH 计有雷磁 25 型、pHS-2 型、pHS-3 型等,其测量原理相同,结构上略有差别,其中主要结构均由电极系统和电动势测量系统组成。电极系统由玻璃电极和饱和甘汞电极或复合 pH 电极与待测溶液组成原电池,电动势测量系统主要由电势放大装置和显示转换装置构成。如图8-1所示。

用 pH 计测定溶液的 pH，无论被测溶液有无颜色，是氧化剂还是还原剂，或者是胶体溶液均可测定。因此在医学检验中，常用于试样的 pH 检查。

二、其他离子浓度的测定

除氢离子以外的其他阴、阳离子也可以用直接电位法测定，所用的指示电极为离子选择性电极。

离子选择性电极（ISE）也称膜电极（如玻璃电极也属于此类电极），其电极膜对溶液中特定离子产生选择性响应，具有测定范围宽、速度快、灵敏度高、操作简便和不破坏样品等特点。

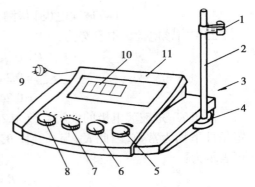

图 8-1 pHS-3C 型 pH 计
1. 电极夹 2. 电极杆 3. 电极插口（背面）
4. 电极杆插座 5. 定位调节钮 6. 斜率补偿钮 7. 温度补偿钮 8. 选择开关钮（pH，mV） 9. 电源插头 10. 显示屏 11. 面板

它们的基本结构一般包括电极膜、电极管、内参比溶液和内参比电极等四个基本部分。由于内参比电极和内参比溶液中有关的离子浓度恒定，故离子选择性电极电位仅随待测离子浓度的变化而变化。

利用离子选择性电极测定待测离子的浓度，一般是以离子选择性电极为指示电极，饱和甘汞电极为参比电极，与待测溶液组成原电池，用精密酸度计，数字毫伏计或离子计测定电池电动势，然后计算待测组分的含量。常用的方法有两次测定法、标准曲线法和标准加入法。目前，在医学检验中，可用离子选择性电极测定血液与其他体液中的氨基酸、葡萄糖、尿素、尿酸及胆固醇等有机物和细胞内外溶液中的 K^+、Na^+、Cl^- 等离子的浓度。

 知识链接

电解质分析仪与血气分析仪

临床检验常用的电化学分析仪器主要是电解质分析仪和血气分析仪两种。

电解质分析仪又叫离子计。是采用离子选择性电极来测量溶液中离子浓度的仪器。在生化检验中，电解质分析仪主要用于测量体液中钾、钠、氯、钙、锂等离子浓度。样本可以是全血、血清、血浆、尿液、透析液等，在临床中主要测试血液。仪器上有六种电极：钠、钾、氯、钙、锂和参比电极，每个电极都有一离子选择膜，会与被测样本中相应的离子产生反应，改变了膜电位，即可对体液中的离子进行检测。

血气分析仪是利用电极在较短时间内对动脉中的酸碱度（pH）、二氧化碳分压（PCO_2）和氧分压（PO_2）等相关指标进行测定的仪器。该仪器具有样品量少（仅需 25~40μl）；分析快速（目前最快、最新仪器，只需"20秒"即可提供一份完整的分析报告）；准确、可靠（pH 的测量值已精确到 0.001；PCO_2 和 PO_2 的测量值精确到 0.1mmHg）。在临床中常用于昏迷、休克、严重外伤等危急病人的抢救和治疗中所必备的仪器。

 本章小结

1. 电位分析法是利用电极电位和溶液中某种离子的浓度之间的关系来测定物质

浓度的一种电化学分析方法。

2. 电位分析中使用的电极有两种:一支是不随离子浓度的变化,具有恒定电位的参比电极;另一支是电位随溶液中待测离子浓度的变化而变化的指示电极。

3. 直接电位法测定溶液的 pH,是利用指示电极和参比电极组成原电池,通过测量电池的电动势 E 而测得相应溶液的 pH 值。常用的指示电极和参比电极是玻璃电极和饱和甘汞电极。测定方法是两次测定法。

(范红艳)

 目标测试

一、单项选择题

1. 利用物质的电化学性质,测定化学电池的电位、电流或电量的变化进行分析的方法称为
   A. 电化学分析法　　　　　B. 电位法　　　　　C. 电导法
   D. 电容量分析法　　　　　E. 电泳分析法

2. 电位法属于
   A. 沉淀滴定法　　　　　　B. 配位滴定法　　　　C. 电化学分析法
   D. 光谱分析法　　　　　　E. 色谱法

3. 电位法测定溶液的 pH 常选用的指示电极是
   A. 标准氢电极　　　　　　B. 饱和甘汞电极　　　C. 玻璃电极
   D. 银 - 氯化银电极　　　　E. 甘汞电极

4. 玻璃电极在使用前应预先在纯化水中浸泡
   A. 2 小时　　　　　　　　B. 8 小时　　　　　　C. 12 小时
   D. 24 小时　　　　　　　 E. 48 小时

5. GB5749—2006 测定饮用水 pH 值的标准方法是
   A. pH 试纸法　　　　　　 B. 滴定法　　　　　　C. 电位法
   D. 比色法　　　　　　　　E. 色谱法

6. 尿液酸碱度测定最精确的方法是
   A. 试带法　　　　　　　　B. 指示剂法　　　　　C. 滴定法
   D. pH 试纸法　　　　　　 E. pH 计法

7. 临床实验室常被用于多种体液(血、尿、唾液、脑脊液等)中 Ca^{2+}、K^+、Na^+、Cl^-、F^- 和 HCO_3^- 等离子测定的方法是
   A. 电泳法　　　　　　　　　B. 离子选择性电极法
   C. 凝胶层析法　　　　　　　D. 离心法
   E. 原子吸收分光光度法

二、填空题

8. 指示电极是指_____。

9. 参比电极是指_____。

10. 用电位法测定溶液的 pH,选用的参比电极是_____,指示电极是_____。

第九章 紫外 - 可见分光光度法

第一节 概　　述

根据物质发射的电磁辐射或物质与辐射的相互作用所建立起来的分析方法,称为光化学分析法。光化学分析法分为光谱分析法和非光谱分析法。光谱分析法是利用各种物质具有的特征性吸收、发射或散射光谱,来确定其性质、结构或含量的分析方法。光谱分析法的测定方法很多,应用广泛。光谱分析法按作用物质是分子或原子,可分为分子光谱法和原子光谱法两大类,分光光度法属于分子光谱法。

通过测定溶液对单色光的吸收程度来进行定性和定量的分析方法称为分光光度法。分光光度法具有以下特点:①灵敏度高。可直接测定低至 10^{-6} mol/L,适于测定微量组分;②准确度高。相对误差一般为 1%~5%;③操作简便、测定快速;④应用广泛。可直接或间接地测定绝大多数无机离子以及多种有机化合物。因此,它是医学检验、卫生检验、药品检验、环境分析、科学研究和工农业生产等领域应用最广泛的方法之一。

> **考点提示**
>
> 分光光度法的概念

氰化高铁血红蛋白(HiCN)测定法测定血红蛋白

血红蛋白减少见于临床上各种原因的贫血。通过血红蛋白的测定可诊断贫血,明确贫血程度。血红蛋白的测定多用氰化高铁血红蛋白(HiCN)测定法。其基本原理是:血液中除硫化血红蛋白(SHb)外的各种 Hb 均可被高铁氰化钾氧化为高铁血红蛋白,再和 CN^- 结合生成稳定的棕红色复合物 - 氰化高铁血红蛋白,其在 540nm 处有一吸收峰,用分光光度计测定该处的吸光度,经换算即可得到每升血液中的血红蛋白浓度,或通过制备的标准曲线查得血红蛋白浓度。

请问:1. 什么是分光光度法? 什么是标准曲线?
　　　2. 分光光度法的定量依据是什么? 定量方法有哪些?

第二节 基 础 知 识

一、光的本质与颜色

光是一种电磁波,具有波动性和粒子性,即光的波粒二象性。光的波动性常用波长或频率来描述,光的粒子性是把光作为具有一定能量的光子(或光量子)来描述。按波长顺序排列的电磁波称为电磁波谱。人眼能感觉到的光称为可见光,如日光、白炽灯光及各种颜色的光等,其波长在400~760nm,它们只是电磁波谱中的一个很小的波段。人眼觉察不到的还有红外线、紫外线、X射线等。

单一波长的光称为单色光,由不同波长的光混合而成的光称为复合光,如日光、白炽灯光等都是复合光。如果让一束白光通过棱镜,便可分解为红、橙、黄、绿、青、蓝、紫七种颜色的光,这种现象称为光的色散。每种颜色的光都具有一定的波长范围,但各种色光之间没有严格的界限,而是由一种颜色逐渐过渡为另一种颜色,如表9-1所示。

表9-1 各种色光的近似波长范围

光的颜色	波长范围(nm)	光的颜色	波长范围(nm)
红色	760~650	青色	500~480
橙色	650~610	蓝色	480~450
黄色	610~560	紫色	450~400
绿色	560~500	近紫外光	400~200

两种适当颜色的单色光按一定强度比例混合可成为白光,这两种单色光称为互补色光。如图9-1所示,直线相连的两种色光彼此混合可成白光,它们为互补色光,如紫光与绿光互补,蓝光和黄光互补。

溶液的颜色是由于物质选择性地吸收了可见光中某一波长的光而产生的。当一束白光通过某溶液时,如果溶液对各波长的光完全吸收,则溶液显黑色;如果该溶液对各波长的光都不吸收,则溶液无色透明。如果溶液选择性地吸收了白光中的某一色光,则溶液呈现透过光的颜色,即溶液呈的颜色是它所吸收光的互补光的颜色。例如,高锰酸钾溶液因吸收了白光中的绿光而呈现紫色;硫酸铜溶液因吸收了白光中的黄色光而呈现蓝色。

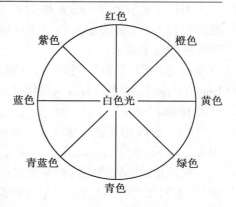

图9-1 光的互补色示意图

二、光的吸收定律

(一)透光率与吸光度

当一束平行的单色光(I_0)照射到均匀无散射的溶液时,一部分光被吸收(I_a),一部分光透过溶液(I_t),如图9-2所示。

考点提示

透光率与吸光度的概念及两者之间的关系;郎伯 - 比尔定律

$$I_0 = I_a + I_t \tag{9-1}$$

透过光强度（I_t）与入射光强度（I_0）之比称为透光率或透光度，用 T 表示，即：

$$T = \frac{I_t}{I_0} \times 100\% \tag{9-2}$$

透光率（T）的倒数反映了物质对光的吸收程度。透光率的负对数称为吸光度，用 A 表示，则：

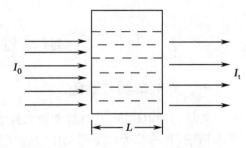

图 9-2 光通过溶液示意图

$$A = \lg\frac{1}{T} = -\lg T \tag{9-3}$$

（二）朗伯 - 比尔定律

实践证明，当入射光的波长一定时，溶液对光的吸收程度，与该溶液的浓度及液层厚度有关。其定量关系为朗伯 - 比尔定律，即：

当一束平行的单色光通过均匀、无散射的稀溶液时，在单色光的波长、强度、溶液温度等条件不变的情况下，该溶液的吸光度（A）与溶液的浓度（c）及液层厚度（L）的乘积成正比。

朗伯 - 比尔定律数学表达式为： $A = KcL$ (9-4)

在一定条件下，K 为常数。

朗伯 - 比尔定律表明了物质对光的吸收程度与其浓度和液层厚度之间的数量关系，因而是分光光度法定量的基础。它不仅适用有色溶液，也适用无色溶液及气体和固体的非散射均匀体系；不仅适用于可见光区的单色光，也适用于紫外光和红外光区的单色光。

（三）吸光系数

朗伯 - 比尔定律中的 K 称为吸光系数。溶液浓度的单位不同，它的意义和表达式也不同。常用下列两种方法来表示：

1. 摩尔吸光系数 指波长一定时，溶液浓度为 $1mol \cdot L^{-1}$，液层厚度为 1cm 时的吸光度，用 ε 表示，单位为 $L \cdot mol^{-1} \cdot cm^{-1}$。

考点提示

吸光系数的概念、特征及应用

2. 百分吸光系数 指波长一定时，溶液浓度为 1%（g/ml），液层厚度为 1cm 时的吸光度，用 $E_{1cm}^{1\%}$ 表示，单位为 $100ml \cdot g^{-1} \cdot cm^{-1}$。

吸光系数是物质的特性常数之一，是物质对一特定波长光的吸收能力的体现，吸光系数越大，表明吸光能力越强，灵敏度越高。不同物质对同一波长的光有不同的吸光系数，同一物质对不同波长的光也有不同的吸光系数。因此，吸光系数是分光光度法进行定量和定性分析的依据。

三、吸收光谱曲线

在溶液浓度和液层厚度一定的条件下，用不同波长的光按波长顺序分别测定溶液的吸光度，以波长（λ）为横坐标，吸光度（A）为纵坐标，所描绘的曲线称为吸收光谱曲线，简称吸收曲线。图 9-3 为不同浓度的 $KMnO_4$ 溶液的吸收曲线。

考点提示

吸收曲线、最大吸收波长的含义及应用

从图 9-3 可见,$KMnO_4$ 溶液对波长为 525nm 附近的绿色光吸收最强。吸收程度最大处的波长称为最大吸收波长,用 λ_{max} 表示。$KMnO_4$ 溶液的 $\lambda_{max}=525nm$。不同浓度的 $KMnO_4$ 溶液的吸收光谱形状相似,λ_{max} 相同。对于不同物质,由于组成和结构不同,其吸收光谱的形状和 λ_{max} 也不相同,这些特征可作为物质定性分析的依据。对于同一种物质,在一定波长下的吸光度随溶液的浓度增加而增加,这一特性可作为物质定量分析的依据。在定量分析中,一般选择在最大吸收波长(λ_{max})处测定吸光度。

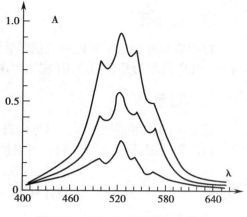

图 9-3 $KMnO_4$ 溶液的吸收曲线

第三节 紫外 - 可见分光光度计

在 200~800nm 波长范围内,能够任意选择不同波长的单色光用来测定溶液的吸光度(或透过率)的仪器,称为紫外 - 可见分光光度计。这类仪器主要由光源、单色器、吸收池、检测器及显示器五部分组成。

考点提示

紫外 - 可见分光光度计的构成

一、光源

光源是提供一定强度、稳定且具有连续光谱的光,不同光源可以提供不同波长范围的光波。紫外 - 可见分光光度计中安装有两种光源氢灯(或氘灯)和钨灯(或卤钨灯)。紫外光区通常采用氢灯或氘灯,适用波长范围是 200~360nm;可见光区采用钨灯或卤钨灯,适用波长范围是 350~800nm。

二、单色器

单色器作用是将来自光源的复合光色散成按一定波长顺序排列的连续光谱,从中分离出一定宽度的谱带。由狭缝、准直镜、色散原件(棱镜和光栅)、聚焦透镜组成。其中色散原件是关键部件,常用的色散原件有棱镜和光栅。

棱镜由玻璃或石英组成,由于玻璃能吸收紫外光,所以,可见光用玻璃棱镜,紫外光用石英棱镜。光栅上刻有较细的平行条纹。光栅具有较大的色散率和集光本领,在中高档仪器中普遍采用。

三、吸收池

用来盛放溶液的容器称为吸收池,也叫比色皿或比色杯。按材质不同,分为玻璃吸收池和石英吸收池。在可见光区测定时,可用玻璃吸收池或石英吸收池;在紫外光区测定时,必须使用石英吸收池。吸收池上的指纹、油污或池壁上的污物都会影响其透光性,因此使用前后必须彻底清洗。

四、检测器

检测器是将通过吸收池的光信号转换为电信号的电子元件,常用的是光电管和光电倍增管。光电倍增管是目前应用最广泛的检测器,性能较好。

五、显示器

显示器的作用是把放大的讯号以适当的方式显示或记录下来。一般配有计算机,进行数据显示和处理,根据选择的模式可直接显示透光率(T)、吸光度(A)或浓度(c)等。

第四节 定量分析方法

分光光度法不仅能够对在紫外‑可见光区有吸收的无机和有机化合物进行定量分析,而且还能够使紫外‑可见光区的非吸收物质与某些试剂发生"显色反应"生成有强烈吸收的产物,实现对"非吸收物质"的定量测定。紫外‑可见分光光度进行定量分析的理论依据是光的吸收定律,即$A=KcL$。换言之,在一定条件下,待测溶液的吸光度与其浓度呈正比。其常用的定量方法有:

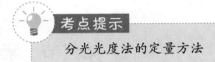

考点提示

分光光度法的定量方法

一、标准曲线法

标准曲线法是分光光度法中最经典的定量方法。测定时,先配制一系列浓度不同的标准溶液,以不含被测组分的空白溶液作为参比溶液,在相同条件下测定各标准溶液的吸光度,以标准溶液浓度c为横坐标,吸光度A为纵坐标,绘制A‑c曲线图,如果符合朗伯‑比尔定律,则曲线应该是一条过原点的直线,称为标准曲线(或工作曲线),如图9‑4所示。在相同条件下测出样品溶液的吸光度,在标准曲线上可查出其样品溶液相应的浓度。

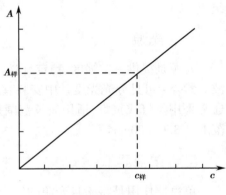

图9‑4 标准曲线

二、比较法

比较法又称为标准对照法。在相同实验条件下,配制样品溶液和标准品溶液(样品溶液中的被测组分与标准品溶液是同一物质),在选定最大波长处,分别测量其吸光度。根据郎伯‑比尔定律:

$$A_标 = K_标 \cdot c_标 \cdot L_标$$

$$A_样 = K_样 \cdot c_样 \cdot L_样$$

同一物质,同一台仪器,在同一波长处测量,则:$K_标 = K_样$,$L_标 = L_样$

所以:

$$\frac{A_样}{A_标} = \frac{c_样}{c_标}$$

$$c_{样} = c_{标} \dfrac{A_{样}}{A_{标}}$$

样品溶液的浓度 $c_{样}$ 可由上式求出。$c_{样}$ 是稀释溶液的浓度,若要求原样品溶液的浓度,应按下式计算:

$$c_{原样} = c_{样} \times 稀释倍数$$

比较法可以在一定程度上克服测定条件对结果的影响,测定时,供试品溶液和标准物溶液的浓度及测定条件一致。

知识链接

> **紫外 - 可见分光光度法在定性分析中的应用**
>
> 　　紫外 - 可见分光光度法可以对物质进行初步的定性鉴别。其方法为:在相同的测量条件下,分别测定未知物与标准物对不同波长的吸光度,绘制吸收光谱,比较二者是否一致。也可以将未知物的吸收光谱与标准吸收光谱直接比较。如果两个吸收光谱的形状,包括吸收光谱上吸收峰的数目、最大吸收波长(λ_{max})、摩尔吸光系数(ε)等完全一致,则初步判断未知物与标准物可能是同一化合物。

第五节　测量误差与测量条件的选择

一、误差的来源

紫外 - 可见分光光度法的误差主要来自以下三个方面:

(一)偏离朗伯 - 比尔定律引起的误差

根据朗伯 - 比尔定律,当单色光波长和吸收池厚度一定时,以吸光度对浓度作图,应得到一条通过原点的直线。但在实际工作中,很多因素可能导致标准曲线发生弯曲,即偏离朗伯 - 比尔定律,产生这种现象的原因是:

考点提示

> 偏离朗伯 - 比尔定律的原因

1. 溶液中吸光物质不稳定　在测定过程中,被测物质逐渐发生离解、缔合,使被测物质的组成改变,因而产生误差。

2. 单色光不纯　朗伯 - 比尔定律只适用于较纯的单色光,而纯粹的单色光是很难得到的。实际工作中,由于制作技术的限制,同时为了保证足够的光强度,分光光度计的狭缝必须保证一定的宽度,因此通过单色器及狭缝获得的实际上是一段狭小光带作为单色光光源,被测物质对光带中各波长光的吸光度不同,引起溶液对朗伯 - 比尔定律的偏离,使标准曲线发生弯曲,产生误差。

(二)仪器和测量误差

由于仪器不够精密,如读数盘标尺刻度不够准确、吸收池的厚度不完全相同及池壁厚薄不均匀等;光源不稳定、光电管灵敏性差、光电流测量不准等因素,都会引入误差。

(三)操作过程引入的误差

处理样品溶液和标准溶液时没有按完全相同的条件和步骤进行,如溶液的稀释、显色剂的用量、反应温度、放置时间等都可能引入误差。

二、显色反应

测定在紫外 - 可见光区没有吸收的物质时,常
常需要加入适当的试剂,将其转变为在紫外 - 可见
光区有较强吸收的物质。能与待测组分发生化学反
应、生成在紫外 - 可见光区有较强吸收物质的化学
试剂,称为显色剂。显色剂与待测组分发生的化学
反应称为显色反应。进行显色反应时,除选择合适的显色剂外,还需控制适宜的显色反应条
件,以得到适于测定的化合物。

考点提示

显色反应的条件

1. **显色剂的用量** 为使显色反应尽量完全,一般加入过量的显色剂。常通过实验结果
来确定显色剂的用量。

2. **溶液的酸度** 许多有色物质的颜色随溶液的酸度改变而改变,大多显色反应对溶液
的酸度有一定的要求。

3. **显色温度** 大多显色反应在常温下进行,有些显色反应需要加热才能完成。升温可
加快反应速度,但也可产生副反应,所以,应根据具体的反应选择适当的温度。

4. **显色时间** 有些显色反应需要经过一段时间后才能达到平衡,溶液对特定波长的光
的吸收才能稳定。有些化合物放置一段时间后,因空气的氧化、光的照射、试剂的挥发或分
解等,溶液的吸光性才能达到稳定。一般通过实验来确定所需的最佳时间。

5. **共存离子的干扰及消除** 常通过控制显色反应的酸度,或加入掩蔽剂,或预先通过
离子交换等方法来掩蔽或分离共存离子。

三、测量条件的选择

为了提高分析方法的灵敏度和准确度,通常需要选择最佳的测量条件。

1. **波长的选择** 一般是根据待测组分的吸收光谱,选择 λ_{max} 作为测量波长,因为在 λ_{max}
处,待测组分所产生的吸光度最大,灵敏度最高。但这只有在待测组分的最大吸收波长 λ_{max}
处没有其他吸收的情况下才适用。否则,应不宜选择 λ_{max} 作为测量波长。此时应根据"吸
收大、干扰小"的原则选择测量波长。

2. **选择适当的吸光度读数范围** 读数范围应控制在吸光度为 0.1~0.8、透光率为 20%~
80% 时误差较小。可以通过控制试样的取样量来实现。对于组分含量高的试样,应减少取
样量或稀释试液;对于组分含量低的试样,则可增加取样量或用富集方法提高被测组分的浓
度。如果试液已经显色,则可通过改变吸收池厚度的方法来改变吸光度值。

3. **选择合适的参比(空白)溶液** 理想的空白溶液应当是与配制样品溶液条件相同而
不含样品的溶液。

此外,样品溶液的浓度必须控制在标准曲线的线性范围内。

知识链接

紫外 - 可见分光光度法在医学检验中的应用
自动生化分析仪是临床生物化学检验实验室常用的重要仪器之一。该仪器对血

糖、血清蛋白质、血清总胆固醇的含量测定和血清谷 - 丙转氨酶活性的测定等,都是通过测定样品溶液的吸光度而完成的。

酶标仪(酶联免疫检测仪)是酶联免疫吸附试验的专用仪器,其主要结构、工作原理与紫外 - 可见分光光度计基本相同,广泛用于临床免疫学检验和食品安全药物残留的快速检测。

在卫生分析中,对食品、饮水和空气等样品中有毒有害物质的常规检验与检测,更是直接利用紫外 - 可见分光光度法的基本原理、实验技术和仪器设备。

本章小结

1. 入射光波长一定时,溶液的吸光度(A)与溶液的浓度(c)及液层厚度(L)的乘积成正比,即朗伯 - 比尔定律($A=KcL$),是紫外 - 可见分光光度法进行定量分析的理论依据。

2. 以波长(λ)为横坐标,吸光度(A)为纵坐标,所描绘的曲线称为吸收光谱曲线,是分光光度法进行定性分析的依据。吸收程度最大处的波长称为最大吸收波长,用 λ_{max} 表示。同一物质,不同浓度,吸收光谱形状相似,λ_{max} 相同;不同物质,吸收光谱的形状和 λ_{max} 都不相同。

3. 紫外 - 可见分光光度计主要由光源、单色器、吸收池、检测器及显示器五部分组成。

4. 紫外 - 可见分光光度法可用于有机化合物的定性、定量和结构分析。

(李　勤)

 目标测试

一、单项选择题

1. 利用各种化学物质所具有的发射、吸收或散射光光谱谱系的特征,来确定其性质、结构或含量的技术是

    A. 电化学分析技术　　　　B. 光谱分析技术　　　　C. 层析技术

    D. 电泳技术　　　　E. 离心技术

2. 可见光区的波长范围是

    A. 100~200nm　　　　B. 200~400nm　　　　C. 400~760nm

    D. 760~1000nm　　　　E. 1000nm 以上

3. 分光光度法利用的是物质对光的

    A. 反射　　　　B. 散射　　　　C. 折射

    D. 选择性吸收　　　　E. 以上都是

4. 透光率 T 为 100% 时,吸光度 A 为

    A. 0　　　　B. 1　　　　C. 10

    D. 100　　　　E. 1000

5. 可见 - 紫外分光光度法的理论基础为

A. 朗伯—比尔定律   B. 米氏方程   C. 牛顿第一定律

D. 氧离曲线   E. ROC 曲线

6. 在符合朗伯 - 比尔定律的范围内,当溶液的浓度为 c 时,从吸收光谱曲线得知最大吸收波长为 λ_0,若浓度增大为 $2c$,而其他条件不变,则最大吸收波长为

A. $0.5\lambda_0$ B. λ_0 C. $2\lambda_0$

D. $3\lambda_0$ E. $4\lambda_0$

7. 朗伯 - 比尔定律的正确表达式是

A. $A=KL$ B. $A=Kc$ C. $A=cL$

D. $A=KcL$ E. $A=-\lg T$

8. 符合光的吸收定律的分光光度法的条件是

A. 较浓的溶液   B. 较稀的溶液   C. 各种浓度的溶液

D. 10% 浓度的溶液   E. 5%~10% 浓度的溶液

9. 分光光度法的吸光度与下列无关的是

A. 入射光的波长   B. 液层的高度   C. 液层的厚度

D. 溶液的浓度   E. 电压

10. 某物质的摩尔吸光系数 ε 很大,表明

A. 该物质溶液的浓度很大

B. 光通过该物质溶液的光程长

C. 测定该物质的灵敏度高

D. 测定该物质的灵敏度低

E. 该物质溶液的浓度很低

11. 下列说法中正确的是

A. 吸收曲线的基本形状与溶液的浓度无关

B. 吸收曲线与物质的特性无关

C. 浓度愈大,吸收系数愈大

D. 在其他因素一定时,吸光度与测定波长成正比

E. 溶液的颜色越浅,吸光度越大

12. 分光光度法中,运用光的吸收定律进行定量分析时,应采用的入射光为

A. 白光   B. 单色光   C. 可见光

D. 紫外光   E. 特征波长锐线辐射光

13. 在分光光度计中,获得单色光的元件是

A. 光源   B. 棱镜或光栅   C. 吸收池

D. 光电管   E. 显示器

14. 在分光光度分析中,理想的显色剂应该满足

A. 灵敏度高、选择性和稳定性好

B. 灵敏度高、显色性和稳定性好

C. 灵敏度高、选择性和显色性好

D. 灵敏度高、准确度和精密度好

E. 灵敏度高、选择性和精密度好

二、填空题

15. 分光光度计主要由_____、_____、_____、_____、_____五大部分组成。

16. 分光光度法中标准曲线的横坐标代表_____,纵坐标代表_____。

三、简答题

17. 不同浓度 $KMnO_4$ 溶液的最大吸收波长是否相同？为什么？

18. 为什么最好在 λ_{max} 处测定化合物含量？

四、计算题

19. 将 0.1mg Fe^{3+} 离子在酸性溶液中用 KSCN 显色后稀释至 500ml,盛于 1cm 的吸收池中,在波长为 480nm 处测得吸光度为 0.240,计算摩尔吸光系数。

第十章　原子吸收分光光度法

学习目标

1. 熟悉　原子吸收分光光度法的基本原理。
2. 了解　原子吸收分光光度法的特点;原子吸收分光光度计的基本结构;原子吸收分光光度法的定量分析方法。

血清铜的测定

　　血清铁与血清铜的比值可以鉴别黄疸性疾病,血清铜增高或降低,可帮助判断某些疾病。可用原子吸收分光光度法测定血清铜。其原理是:铜的空心阴极灯发射324.5nm谱线,通过火焰进入分光系统照射到检测器上,血清铜用去离子水等量稀释,吸入原子化器(火焰),铜在高温下解离成铜原子蒸气。吸光度与铜离子的含量成正比。

　　请问:1. 什么是原子吸收分光光度法?
　　　　　2. 原子吸收分光光度计由哪几部分组成?

　　原子吸收分光光度法是 20 世纪 50 年代中期问世的一种新型仪器分析方法。不仅可以测定金属元素,也可以间接测定非金属元素和有机化合物。在测定矿物、金属、化工产品、土壤、食品、药品、生物试样、环境试样中的金属元素含量时,原子吸收分光光度法往往是一种首选的定量方法。

　　实验室测定微量元素的方法

第一节　概　　述

一、特点

　　原子吸收分光光度法亦称原子吸收光谱法,简称原子吸收法。它是基于蒸气中被测元素的基态原子对其特征的辐射吸收来测定样品中该元素含量的一种分析方法。原子吸收法具有灵敏度高、选择性

　　原子吸收分光光度法的概念

76

好、准确度高、适用范围广及操作简便、快速等优点；但也有不足之处，例如测定不同的元素，需要更换空心阴极灯，每一元素的分析条件也不相同，不利于同时进行多种元素的分析。

原子吸收法与分光光度法同属吸收光谱法。但是，分光光度法研究的对象是溶液中化合物的分子吸收，其吸收谱带较宽，是带状光谱。而原子吸收法中吸收光辐射的是基态原子，其吸收谱线很窄，呈线状光谱，这是两种方法的主要区别。因此，在仪器和方法等方面，两者有显著差别，见表 10-1。

表 10-1　原子吸收分光光度法与紫外 - 可见分光光度法的比较

	原子吸收分光光度法	紫外 - 可见分光光度法
本质	原子吸收	分子吸收
谱带	窄带或谱线吸收	宽带吸收
光源	锐线光源	连续光源
被测物质状态	原子状态，原子蒸气	分子状态，溶液
仪器结构	分光系统在原子化器之后	分光系统在吸收池之前
测定温度	高温	常温

二、基本原理

1. 共振线和吸收线　　在正常情况下，原子处于能量最低（E_0）的状态，也是最稳定的状态。处于能量最低、状态最稳定的原子称为基态原子。当基态原子受外界能量的激发时，其最外层电子可跃迁到能量较高的不同能级，也就是不同的激发态。如图 10-1 所示。

电子从基态跃迁到能量最低的激发态（称为第一激发态 E_1）时，吸收一定频率的辐射光称为共振吸收，所产生的吸收谱线称为共振吸收线；激发态是一种很不稳定的状态，在很短的时间内又可能跃迁回到低能级呈基态，发射出同样频率的谱线，该谱线称为共振发射线（简

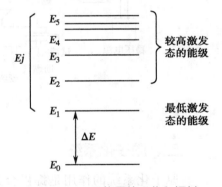

图 10-1　原子能量的吸收和辐射

称共振线）。电子除了在基态和第一激发态之间跃迁外，还可在基态和其他能量较高的激发态之间跃迁，相应的就有许多的发射线和吸收线。由于第一激发态的能量最低，电子在第一激发态和基态间的跃迁也最容易，相应的吸收线和发射线也往往是最强的。原子吸收分光光度法一般使用最强的吸收线进行测定。

各种元素的原子结构和外层电子的分布不同，相应的基态和各激发态之间的能量差也不同。因此，电子在基态和激发态之间跃迁时吸收或发射的光辐射也不同。每种原子特有的吸收线或发射线就成为该元素具有特征的光谱线。原子吸收分析就是利用待测元素的特征吸收线进行分析的，因此它具有较强的选择性。

2. 原子吸收分光光度法的定量分析基础　　原子吸收分光光度法定量分析的基础仍是朗伯 - 比尔定律，但吸收介质为待测元素气态原子，吸光度与原子蒸气中基态原子数直接相关，只要测量试样溶液的吸光度及相应的标准溶液的吸光度，便可根据标准溶液的已知浓度，求出试样中待测溶液的浓度或含量。

$$A=Kc \qquad (10\text{-}1)$$

式中：c 为溶液浓度；K 为与实验条件有关的常数。

式(10-1)表示吸光度与待测元素的浓度成线性关系,它是原子吸收分光光度法的定量依据。

第二节　原子吸收分光光度计

原子吸收分光光度计由四部分组成,即光源、原子化系统、分光系统和检测系统,如图 10-2 所示。

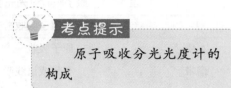

考点提示

原子吸收分光光度计的构成

一、光源

光源的作用是供给原子吸收所需要的足够尖锐和足够强度的共振线。常见的光源有空心阴极灯、蒸气放电灯、高频无极放电灯等。应用最广泛的是空心阴极灯。空心阴极灯结构简单、操作方便,是一种气体放电管。

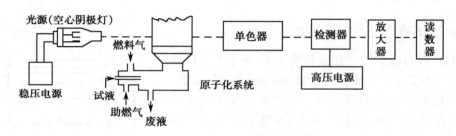

图 10-2　原子吸收分光光度计示意图

二、原子化系统

原子化系统的作用是提供合适的能量,使被测元素转化为能吸收特征辐射线的基态原子蒸气。由于样品的原子化是原子吸收分光光度法的一个关键,原子化效率是决定原子吸收光谱法灵敏度的主要因素。因此原子化系统是原子吸收分光光度计中极其重要的部件。

原子化系统常用的有火焰原子化器、石墨炉原子化器,另外还有氢化物原子化装置、冷原子化装置等类型。

1. 火焰原子化器　它是通过火焰燃烧产生的能量使试样发生解离。其结构简单、操作方便、快速,重现性和准确度都比较好,对大多数元素都有较高的灵敏度,适用范围广。例如测定骨中钙的浓度。

2. 石墨炉原子化器　高温石墨炉原子化器是一个电加热器,利用电能加热盛放样品的石墨容器,使之达到高温,以实现样品的蒸发和原子化。例如测定血中微量铅。

三、分光系统

原子吸收分光光度计的分光系统又称单色器,由光栅、凹面镜和狭缝组成,其关键部件是色散元件,现多用光栅。

单色器的作用是将待测元素的共振线和邻近谱线分开。为了阻止来自原子吸收池的所有辐射不加选择地都进入检测器,单色器通常配置在原子化器之后的光路中。

四、检测系统

检测系统由检测器、放大器、对数转换器和显示装置组成,它是将单色器发射出的光讯号转换成电信号后进行测量。

第三节 定 量 方 法

原子吸收光谱分析的定量方法较多,如标准曲线法、标准加入法、内标法等,其基本原理都是利用吸光度和浓度之间的线性函数关系,由已知浓度标准溶液求得样品溶液的浓度。

考点提示
　　原子吸收分光光度法的定量依据

一、标准曲线法

原子吸收分析的标准曲线法,与紫外 - 可见分光光度分析中的标准曲线法相似。配制一组浓度适宜的标准溶液,以空白溶液(参比液)调零后,将所配制的标准溶液由低浓度到高浓度依次喷入火焰,分别测出各溶液的吸光度 A,以待测元素的浓度 c(或所取标准溶液的体积 V)为横坐标,以吸光度 A 为纵坐标,绘制 A-c 标准曲线。然后在完全相同的实验条件下,喷入待测样品溶液,测出其吸光度。从标准曲线上查出该吸光度所对应的浓度,即所测样品溶液中待测元素的浓度,以此进行计算,便可得出样品中待测元素的含量。

二、标准加入法

若样品的基体组成复杂,而且对测定又有明显的影响,或待测试样的组成是不完全确知的,这时可采用标准加入法进行定量分析,它能够克服样品基体的干扰。

方法:取若干份(例如四份)体积相同的样品溶液,从第二份开始分别加入浓度为 c_0、$2c_0$ 和 $4c_0$ 的待测元素的标准溶液,然后用溶剂稀释至一定的体积。在相同的实验条件下分别测得其吸光度为 A_x、A_1、A_2 及 A_3,以 A 对浓度 c 作图,得到 A-c 曲线。如果试样不含被测元素,则曲线通过原点,反之,试样含被测元素,则曲线不通过原点,此时应延长曲线与横坐标交于 c_x,c_x 即为所测样品中待测元素的浓度。如图 10-3 所示。

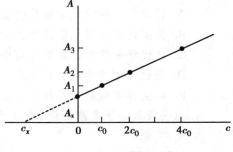

图 10-3　标准加入法

本章小结

　　原子吸收分光光度法是基于蒸气中被测元素的基态原子对其特征的辐射吸收来测定样品中该元素含量的一种分析方法,广泛用于金属元素及非金属元素的测定。原子吸收分光光度计由光源、原子化系统、分光系统和检测系统四个部分组成。原子吸收分光光度法定量基础是朗伯-比尔定律,常用的定量分析方法是标准曲线法、标准加入法。

(范红艳)

 目标测试

一、单项选择题

1. 在原子吸收光谱法中,测量的是哪一种光谱
   A. 连续光谱　　　　　　B. 任何一种均可　　　C. 宽带光谱
   D. 线状光谱　　　　　　E. 带状光谱

2. 用原子吸收光谱法测定生物材料中微量镉时,通常选择的分析线是
   A. 第一激发态与基态之间发射的共振线
   B. 第二激发态与基态之间发射的共振线
   C. 第三激发态与基态之间发射的共振线
   D. 第一激发态与第二激发态之间发射的共振线
   E. 第一激发态与第三激发态之间发射的共振线

3. 测定血中微量铅,应选择
   A. 气相色谱法　　　　　　　B. 高效液相色谱法
   C. 中子活化法　　　　　　　D. 火焰原子吸收光谱法
   E. 石墨炉原子吸收光谱法

4. 测定骨中钙的浓度,应选择
   A. 气相色谱法　　　　　　　B. 高效液相色谱法
   C. X射线衍射法　　　　　　　D. 火焰原子吸收光谱法
   E. 石墨炉原子吸收光谱法

5. 原子化器的主要作用是
   A. 将试样中待测元素转化为基态原子
   B. 将试样中待测元素转化为激发态原子
   C. 将试样中待测元素转化为中性分子
   D. 将试样中待测元素转化为阳离子
   E. 将试样中待测元素转化为阴离子

6. 原子吸收分光光度计中,最常用的光源是
   A. 火焰　　　　　　　　B. 空心阴极灯　　　　C. 钨灯
   D. 氙灯　　　　　　　　E. 氢灯

7. 基于元素所产生的原子蒸气中待测元素的基态原子对所发射的特征谱线的吸收作用进行定量分析的技术称为
   A. 紫外-可见分光光度法　　　B. 原子吸收分光光度法
   C. 荧光分析法　　　　　　　D. 火焰光度法
   E. 比浊法

8. 原子吸收分光光度法属于
　　A. 发射光谱分析技术　　　　B. 吸收光谱分析技术　　C. 散射光谱分析技术
　　D. 紫外分光光度法　　　　　E. 荧光分析法

9. 决定原子吸收光谱法灵敏度的主要因素是
　　A. 原子化效率　　　　　　　B. 原子化温度　　　　　C. 原子化时间
　　D. 灰化温度　　　　　　　　E. 灰化时间

二、填空题

10. 原子吸收分光光度计由_____、_____、_____和_____四部分组成。

11. 原子吸收分光光度法常用的定量方法有_____、_____、_____, 其依据均是_____。

第十一章 色 谱 法

色谱分析法简称色谱法，是一种物理或物理化学分离分析方法。它先将样品中各组分分离，然后逐个进行分析，是分析复杂样品的有效手段。

第一节 概 述

一、色谱过程

在色谱操作中有两相，其中一相固定不动，即固定相；另一相是携带样品向前移动的流动体，即流动相。

色谱法的分离原理主要是利用样品中各组分在流动相与固定相之间的分配系数差异而实现分离的。

分配系数 K 是指在一定温度和压力下，某组分在流动相与固定相两相间的分配达到平衡状态时的浓度之比。即：

$$K=\frac{\text{组分在固定相中的浓度 } c_s}{\text{组分在流动相中的浓度 } c_m}$$

色谱过程是组分的分子在流动相和固定相间多次"分配"的过程，分配系数大的组分迁移速度慢，分配系数小的组分迁移速度快，从而被分离。

图 11-1 表示吸附柱色谱法的色谱过程：把含有 1、2 两组分的样品加到色谱柱的顶端，1、2 均被吸附到固定相上。用适当的流动相洗脱，当流动相流过时，已被吸附在固定相上

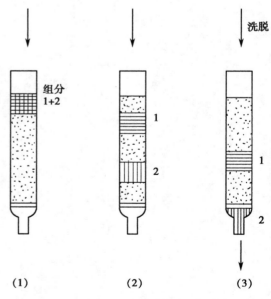

图 11-1 吸附柱色谱法的色谱过程示意图
(1)加样 (2)分离 (3)洗脱

的两种组分又因溶解于流动相中而被解吸附,并随着流动相前移,已解吸附的组分遇到新的固定相,又再次被吸附。若两组分的理化性质有微小的差异,则它们在固定相表面的吸附能力和在流动相的溶解度也有微小的差异。经过反复多次的吸附 - 解吸附的过程,使组分的微小差异积累起来,结果是吸附能力较弱的组分 2 先流出色谱柱,吸附能力较强的组分 1 后流出色谱柱,从而使组分 1、2 得到分离。

二、色谱法的分类及特点

(一)色谱法的分类

1. 按两相物理状态分类

(1)液相色谱法:流动相是液体。当固定相是固体时,称为液 - 固色谱;固定相是液体时,称为液 - 液色谱。

(2)气相色谱法:流动相是气体。当固定相是固体时,称为气 - 固色谱;固定相是液体时,称为气 - 液色谱。

考点提示

各类色谱法的概念

2. 按分离原理分类

(1)吸附色谱法:利用不同组分对固定相表面吸附中心吸附能力的差别而实现分离目的的方法。

(2)分配色谱法:利用不同组分在固定相和流动相中的溶解度的差别而实现分离目的的方法。

(3)离子交换色谱法:利用不同组分离子交换能力的差别而实现分离目的的方法。

(4)分子排阻色谱法(也称为空间排阻色谱法):利用不同组分因分子大小不同受到固定相的阻滞差别而实现分离目的的方法。

3. 按操作形式分类

(1)柱色谱法(CC):将固定相装在色谱柱内,流动相携带样品自上而下移动使不同组分分离的方法。

(2)薄层色谱法(TLC):将固定相均匀地涂布于玻璃板上形成厚薄均匀的薄层,点样后用流动相展开使不同组分分离的方法。

(3)纸色谱法(PC):以色谱滤纸为载体,滤纸纤维上吸附的水为固定相,点样后用流动相展开使不同组分分离的方法。

(二)色谱法的特点

色谱法具有灵敏度高、选择性高、分离效能高、分析速度快及应用范围广等优点。目前,色谱法是医学检验、卫生监测、食品及药品检验等领域的重要分析手段。

第二节　气相色谱法

案例

气相色谱法测定食品中有机磷农药残留量

　　有机磷农药是人们熟知的一类高效、广谱农药,广泛用于防治农作物病虫害。食品中残留的有机磷农药可对人体健康造成危害。国家卫生标准规定,食品中有机磷农药的残留量用气相色谱法测定。其基本原理是:食品中残留的有机磷农药经有机溶剂提取并经净化、浓缩后,注入气相色谱仪,气化后在载气携带下于色谱柱中分离,并由火焰光度检测器检测,由记录仪记录下色谱峰。通过比较样品的峰高和对照品的峰高,计算样品中有机磷农药的残留量。

请问:1. 什么是气相色谱法?

2. 什么是色谱峰? 气相色谱法定量的依据是什么?

气相色谱法(GC)是以气体为流动相的色谱方法,主要用于分离分析易挥发的物质。目前,气相色谱法广泛地应用于医药卫生、石油化工和环境监测等领域。

一、特点及分类

(一) 特点

气相色谱法(GC)具有分离效能高、选择性高、灵敏度高、操作简单、分析速度快以及应用范围广等优点。气相色谱法可以分析气体样品,也可分析易挥发的液体和固体样品。只要沸点在 500℃以下,对热稳定,相对分子质量在 400 以下的物质均可直接采用气相色谱法分析。约 20% 的有机物能采用气相色谱法分析。

(二) 分类

1. 按分离机制　可分为吸附色谱法和分配色谱法。

2. 按固定相的状态　可分为气 - 液色谱法(属于分配色谱法)和气 - 固色谱法(属于吸附色谱法)。

3. 按色谱柱的类型　可分为填充柱色谱法和毛细管柱色谱法。

二、气相色谱仪的基本结构

气相色谱仪一般由五个系统组成:气路系统、进样系统、分离系统、检测系统和记录系统(图 11-2)。

气路系统:是一个密封系统,包括载气和检测器所需气体的气源、气体净化、气体流速控制装置。载气用于载送样品。

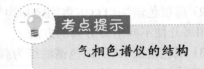

考点提示

气相色谱仪的结构

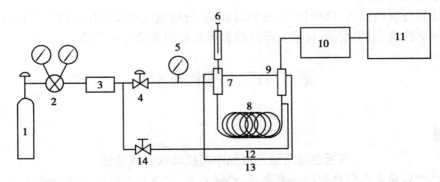

图 11-2　气相色谱流程示意图

1. 载气钢瓶　2. 减压阀　3. 净化管　4. 稳压阀　5. 压力表　6. 进样器　7. 气化室　8. 色谱柱
9. 检测器　10. 放大器　11. 数据处理装置　12. 尾吹气　13. 柱温箱　14. 针形阀

进样系统:包括进样器、气化室及加热系统。作用是使样品气化并被载气带入色谱柱。

分离系统:包括色谱柱和柱温箱。作用是分离样品中各组分,是气相色谱仪的核心部分。

检测系统:是一种换能装置,作用是将色谱柱后载气中各组分浓度(或质量)的变化转变为可测量的电信号。

记录系统:包括放大器及数据处理装置。

三、色谱流出曲线

样品中各组分经色谱柱分离后,通过检测器时产生的信号强度随时间变化的曲线称为色谱流出曲线或色谱图(图 11-3)。横坐标为保留时间(分钟或秒),纵坐标为信号强度(毫伏)。

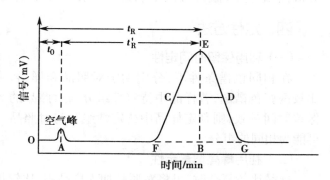

图 11-3 色谱流出曲线

(一)基线

在操作条件下,没有样品,只有流动相通过检测器时的色谱流出曲线。稳定的基线应是一条平行于横坐标的直线。

(二)色谱峰

色谱流出曲线上突起的部分称为色谱峰。正常色谱峰为对称形正态分布曲线。不正常色谱峰有两种:拖尾峰和前延峰。拖尾峰前沿陡峭,后沿平缓;前延峰前沿平缓,后沿陡峭。

(三)峰高(h)

是指色谱峰顶点到基线的垂直距离,即图 11-3 中的 EB 段。

(四)峰面积(A)

是指色谱峰曲线与基线间所包围的面积,即图 11-3 中的△EFG。

(五)色谱峰区域宽度

色谱峰区域宽度是衡量柱效的重要参数之一,区域宽度越小柱效越高。区域宽度常用峰宽和半峰宽表示。

1. 峰宽(W) 是指通过色谱峰两侧的拐点作切线,在基线上所截得的距离,即图 11-3 中的 FG 段。

2. 半峰宽($W_{1/2}$) 是指峰高一半处的宽度,即图 11-3 中的 CD 段。

峰宽和半峰宽的关系为:$W=1.699\,W_{1/2}$

(六)保留值

1. 保留时间(t_R) 是指从进样开始到出现某组分色谱峰顶点所需的时间,即图 11-3 中的 OB 段。

2. 死时间(t_0) 是指从进样开始到出现空气峰顶点所需的时间,即图 11-3 中的 OA 段。

3. 调整保留时间(t_R') 是指保留时间减去死时间后的时间。t_R' 实际上就是组分被固定相阻留的总时间。

$$t_R' = t_R - t_0$$

4. 死体积(V_0) 是指从进样开始到出现空气峰顶点所需载气的体积。

$$V_0 = t_0 \cdot F_C$$

85

式中 F_C 为校正到柱温、柱压下载气在柱内的平均流速。

5. 保留体积 (V_R) 是指从进样开始到某个组分出现色谱峰顶点时所需载气的体积。

$$V_R = t_R \cdot F_C$$

6. 调整保留体积 (V_R') 是指保留体积减去死体积后的体积。

$$V_R' = V_R - V_0 = t_R' \cdot F_C$$

根据色谱峰的保留值,可以进行定性分析;根据色谱峰的峰面积或峰高,可以进行定量分析;根据色谱峰区域宽度,可以评价色谱柱的分离效能。

四、定性方法

(一) 利用保留时间定性

在相同色谱条件下,分别测定对照品和样品。比较两张色谱图,若样品中待定性组分与对照品的保留时间一致,则判定样品中待定性组分与对照品可能为相同的组分。

考点提示
气相色谱法的定性、定量参数

(二) 利用峰高增量定性

样品比较复杂时,可将对照品加入样品中,比较加入对照品前后的色谱图,若样品中待定性组分的峰高增大了,则判定样品中待定性组分与对照品可能为相同的组分。

此外,还可用基团分类测定法和两谱联用定性法(如气相色谱 - 质谱联用)进行定性分析。

五、定量方法

色谱定量分析的基础是被测物质的量与其峰面积或峰高成正比。

(一) 归一化法

组分 i 的质量分数等于它的色谱峰面积在总峰面积中所占的百分比。计算公式:

$$\omega_i(\%) = \frac{A_i f_i}{A_1 f_1 + A_2 f_2 + A_3 f_3 + \cdots + A_n f_n} \times 100\%$$

式中 $\omega_i(\%)$ 为被测组分的质量分数;A_i 为被测组分的峰面积;f_i 为被测组分的校正因子。

归一化法的优点是方法简便,结果与进样量无关,受色谱条件的变动影响较小。缺点是要求样品中所有组分全部出峰,必须已知所有组分的校正因子。此法不能用于微量杂质的含量测定。

(二) 外标法

分为外标工作曲线法和外标一点法。若外标工作曲线线性好,截距近似为零,可采用外标一点法定量。

外标一点法是先用被测组分 i 的对照品配制成适当浓度的对照溶液。在相同条件下分析样品溶液和对照溶液,测得峰面积(或峰高),按下式计算样品溶液中被测组分 i 的浓度:

$$\frac{c_{i样}}{c_{i对}} = \frac{A_{i样}}{A_{i对}} \quad \text{或} \quad \frac{c_{i样}}{c_{i对}} = \frac{h_{i样}}{h_{i对}}$$

式中 c_i 为被测组分的浓度;A_i 为被测组分的峰面积;h_i 为被测组分的峰高。

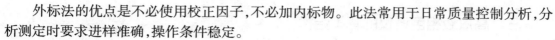

外标法的优点是不必使用校正因子,不必加内标物。此法常用于日常质量控制分析,分析测定时要求进样准确,操作条件稳定。

(三) 内标法

分为内标工作曲线法和内标一点法。若内标工作曲线的线性好,截距近似为零,可采用内标一点法定量。

内标一点法是在对照溶液和样品溶液中,分别加入相同量的内标物 s,配成含内标物的对照溶液和样品溶液,在相同条件下分别进样,测得峰面积比 A_i/A_s(或峰高比 h_i/h_s),按下式计算样品溶液中被测组分 i 的浓度:

$$\frac{c_{i\text{样}}}{c_{i\text{对}}} = \frac{(A_i/A_s)_{\text{样}}}{(A_i/A_s)_{\text{对}}} \quad \text{或} \quad \frac{c_{i\text{样}}}{c_{i\text{对}}} = \frac{(h_i/h_s)_{\text{样}}}{(h_i/h_s)_{\text{对}}}$$

式中 c_i 为被测组分的浓度;A_i 为被测组分的峰面积;A_s 为内标物的峰面积;h_i 为被测组分的峰高;h_s 为内标物的峰高。

内标法适用于样品组分不能全部流出色谱柱,或检测器不能对所有组分都产生信号,或只需对样品中某几个组分进行定量分析。内标法的优点是测定结果比较准确。缺点是操作程序比较麻烦,寻找合适的内标物也比较困难。

第三节　高效液相色谱法

高效液相色谱法(HPLC)是在经典液相色谱法的基础上,采用高效固定相、高压输送流动相的高压泵和高灵敏度检测器,发展而成的现代液相色谱分析方法。目前,高效液相色谱法广泛地应用于医药卫生、生物化学、高分子化学、石油化工和环境监测等领域。

一、特点及分类

(一) 特点

高效液相色谱法具有分离效能高、选择性高、灵敏度高、分析速度快及应用范围广等优点。

(二) 分类

1. 按分离机制分类　可分为分配色谱法、吸附色谱法、离子交换色谱法(IEC)及分子排阻色谱法(MEC)。

2. 按固定相的状态分类　可分为液 - 液色谱法(LLC)和液 - 固色谱法(LSC)。

3. 其他　包括亲和色谱法(AC)、手性色谱法(CC)、胶束色谱法(MC)、电色谱法(EC)和生物色谱法(BC)等。

二、高效液相色谱法与气相色谱法的比较

1. 应用范围更广　高效液相色谱法不受样品的挥发性和热稳定性的限制,特别适合沸点高、极性强、热稳定性差、相对分子质量大的高分子化合物以及离子型化合物的分析。75%~80% 有机物能采用高效液相色谱法分析。

2. 分离选择性更高　高效液相色谱法可供选择的流动相比气相色谱法多,而流动相对于分离的选择性影响很大。

三、高效液相色谱仪的基本结构

高效液相色谱仪一般由五个系统组成:高压输液系统、进样系统、分离系统、检测系统和记录系统(图11-4)。

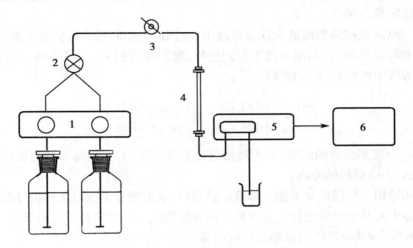

图 11-4 高效液相色谱流程示意图

1. 高压输液泵　2. 混合器　3. 进样器　4. 色谱柱　5. 检测器　6. 记录系统

高压输液系统:由流动相贮瓶、高压泵、管路等组成。高压泵的作用是提供动力,在高压下连续不断地输送流动相。

进样系统:常用六通进样阀。

分离系统:包括色谱柱和柱温箱。作用是分离样品各组分,是高效液相色谱仪的核心部分。

检测系统:是一种换能装置,作用是将色谱柱后流动相中各组分浓度(或质量)的变化转变为可测量的电信号。

记录系统:包括放大器及数据处理装置。

四、定性方法

高效液相色谱法的定性方法与气相色谱法相似,可分为色谱鉴定法和非色谱鉴定法两大类。

(一) 色谱鉴定法

在相同色谱条件下,分别测定对照溶液和样品溶液。比较两张色谱图,若样品中待定性组分与对照品的保留时间一致,则判定样品中待定性组分与对照品可能为相同的组分。

(二) 非色谱鉴定法

非色谱鉴定法可分为化学鉴定法和两谱联用鉴定法(如高效液相色谱 - 质谱联用)。

五、定量方法

高效液相色谱法的定量方法与气相色谱法相似,较少用归一化法,常用外标法和内标法进行定量分析。

本章小结

色谱法，是一种物理或物理化学分离分析方法。分离原理主要是利用样品中各组分在流动相与固定相之间的分配系数差异而实现分离的。

气相色谱法是以气体为流动相的色谱法，可以分析气体样品，也可分析易挥发的液体和固体样品。气相色谱仪一般由气路系统、进样系统、分离系统、检测系统和记录系统组成。色谱柱是核心。根据色谱峰的保留值可定性，根据峰高或峰面积可定量，根据峰宽可评价色谱峰的分离效能。

高效液相色谱法是以液体为流动相的色谱法，特别适合沸点高、极性强、热稳定性差、相对分子质量大的高分子化合物以及离子型化合物的分析。

（何应金）

 目标测试

一、单项选择题

1. 利用不同组分离子交换能力的差别而实现分离目的的方法称为
　　A. 吸附色谱法　　　　　　　B. 分配色谱法　　　　　C. 离子交换色谱法
　　D. 分子排阻色谱法　　　　　E. 液相色谱法

2. 通过色谱峰两侧的拐点作切线，在基线上所截得的距离称为
　　A. 峰宽　　　　　　　　　　B. 半峰宽　　　　　　　C. 峰高
　　D. 峰面积　　　　　　　　　E. 保留时间

3. 在气相色谱中，可用作定性参数的是
　　A. 峰宽　　　　　　　　　　B. 半峰宽　　　　　　　C. 保留时间
　　D. 峰高　　　　　　　　　　E. 峰面积

4. 在气相色谱法中，可用作定量参数的是
　　A. 进样量　　　　　　　　　B. 峰面积　　　　　　　C. 保留时间
　　D. 调整保留时间　　　　　　E. 半峰宽

5. 下列关于气相色谱法的特点，叙述错误的是
　　A. 分离效能高　　　　　　　B. 选择性高　　　　　　C. 灵敏度高
　　D. 分析速度快　　　　　　　E. 适合测定难挥发的物质

二、填空题

6. 色谱法按两相物理状态分为_____和_____两类。

7. 气相色谱法的定量分析方法有_____、_____和_____三种。

8. 气相色谱仪由_____、_____、_____、_____和_____五个系统组成。

9. 高效液相色谱仪由_____、_____、_____、_____和_____五个系统组成。

三、名词解释题

10. 峰高　　11. 峰面积

实 验 指 导

实验一 电子天平的称量练习

【实验目标】

1. 观察电子天平的结构,知道主要部件的名称。

2. 学会使用电子天平。

3. 学会减重称量法和固定质量称量法。

【实验准备】

1. 仪器:万分之一电子天平、称量瓶、干燥器、小烧杯、牛角匙

2. 试剂:石英砂

【实验学时】 2学时

【实验原理】

电子天平是采用电磁力平衡原理进行称量的分析天平。即采用电磁力与被测物体重力相平衡的原理实现测量。

【实验方法与结果】

(一)实验方法

1. 观察电子天平的结构 在教师的指导下,了解电子天平各部件的名称和作用。做好使用前的准备工作,具体参见第二章第三节有关电子天平部分。

2. 称量方法

(1)减重称量法:称取试样的质量是由两次称量之差求得,用于称量一定质量范围的试剂或样品。在称量过程中样品易吸水、易氧化或易与 CO_2 等反应时,可选择此法。减重称量法要求称量范围在 ±10% 以内,如称取 0.1000g 石英砂,则允许质量的范围是 0.0900~0.1100g。称量步骤:①从干燥器中取出盛有石英砂的称量瓶,在天平上称出其准确质量。②将称量瓶从天平上取出,在小烧杯的上方倾斜瓶身,用称量瓶盖轻敲瓶口上部使石英砂粉末慢慢落入小烧杯中。当倾出的粉末接近所需量时,一边继续用瓶盖轻敲瓶口,一边逐渐将瓶身竖直,使粘附在瓶口上的粉末落回称量瓶,盖好瓶盖,准确称其质量。有时一次很难得到合乎质量范围要求的试样,可重复上述操作 1~2 次。③两次质量之差,即为抖出试样的质量。按上述方法连续递减,可称量多份试样。

练习用减重称量法称取三份石英砂,要求质量在 0.4~0.5g、0.2~0.3g、0.1~0.2g。

(2)固定质量称量法:用于称量某一固定质量的试剂或样品。适用于称量不易吸潮、在空气中能稳定存在的样品。固定质量称量法要求误差小于 0.2mg,如称取 0.1000g 石英砂,则允许质量的范围是 0.0999~0.1001g。

先将小烧杯放在天平盘上去皮调零,用牛角匙将石英砂慢慢抖入小烧杯中,若不慎加入试剂超过指定质量,应用牛角匙取出多余试剂。重复上述操作,直至试剂质量符合指定要求为止。

练习用固定质量称量法称取一份石英砂,要求质量在 0.0999~0.1001g。

(二)实验结果

1. 减重称量法

编号		1	2	3
称量范围		0.4~0.5g	0.2~0.3g	0.1~0.2g
称量质量	m_1			
	m_2			
	m_2-m_1			

2. 固定质量称量法

$m=$

【注意事项】

1. 电子天平在使用过程中应保持天平室的清洁,勿使样品散落入天平室内。

2. 称量易挥发和具有腐蚀性的物品时,要盛放在密闭的容器中,以免腐蚀和损坏电子天平。

3. 在开关电子天平门、放取称量物时,动作必须轻缓,切不可用力过猛或过快,以免造成天平损坏。

4. 对于过热或过冷的称量物,应使其回到室温后方可称量。

5. 称量物的总质量不能超过天平的称量范围。

6. 称量物必须置于洁净干燥容器(如烧杯、表面皿、称量瓶等)中进行称量,以免沾染腐蚀天平。

7. 不能用手直接拿取称量瓶,使用时应用纸带夹住称量瓶和瓶盖。

【实验思考】

1. 用分析天平称量的方法有哪几种?

2. 减重称量法和固定质量称量法有何优缺点?

3. 使用称量瓶时,如何操作才能保证试样不致损失?

(刘红斌)

实验二 滴定分析仪器的洗涤和使用练习

【实验目标】

1. 认识实验室常用的滴定分析仪器。

2. 学会滴定分析仪器的洗涤方法。

3. 初步学会滴定分析仪器的基本操作。

【实验准备】

酸式滴定管(25ml)、碱式滴定管(25ml)、锥形瓶(250ml)、移液管(10ml)、容量瓶(100ml)、洗耳球、滴管、烧杯、玻璃棒

【实验学时】 2学时

【实验方法与结果】

(一) 实验方法

1. 滴定分析仪器的洗涤 滴定分析仪器在使用和存放过程中常见有尘土、可溶物、不溶物和油污等,使用前应洗涤干净,否则得不到正确的分析结果。确定仪器洗涤干净的方法是洗涤完毕后将仪器倒转,内壁能被水均匀湿润而不挂水珠。

主要洗涤方法有自来水洗、洗涤剂洗和洗液洗,其操作步骤是先用自来水淋洗,如洗不干净,用洗涤剂刷洗。如仍不能洗净,可以用铬酸洗液处理,再用自来水冲洗干净,最后用纯化水淋洗2~3次。

2. 滴定管

(1) 滴定管的形状和规格:滴定管按形状一般可分为两种:一种是下端带有玻璃活塞的酸式滴定管,用于盛放酸性溶液或氧化性溶液;另一种是碱式滴定管,用于盛放碱性溶液,其下端连接一段医用橡皮管,内放一玻璃珠,以控制溶液的流速,橡皮管下端再联接一个尖嘴玻璃管。常量分析使用滴定管的规格一般为10ml、15ml、25ml、50ml,最小刻度为0.1ml,读数可估计到0.01ml。

(2) 滴定管的准备

检漏:在滴定管内装入水,置滴定管架上直立2分钟,观察是否有水渗出或漏水;酸式滴定管应将活塞旋转180°后再观察一次,如果不漏水即可使用。

若酸式滴定管漏水或活塞不润滑、活塞转动不灵活,在使用之前,应在活塞上涂凡士林。操作方法是将酸式滴定管活塞拔出,用滤纸将活塞及活塞套擦干,用手指在活塞两头沿圈周各涂一薄层凡士林(切勿将活塞小孔堵住)。然后将活塞插入活塞套内,沿同一方向转动活塞,直到活塞全部透明为止。最后用橡皮圈套住活塞尾部,以防脱落打碎活塞。

若碱式滴定管漏水,可将橡皮管中的玻璃珠稍加转动,或稍微向上推或向下移动,处理后仍漏水,则须更换玻璃珠或橡皮管。

洗涤:如果滴定管无明显油污,可用自来水冲洗,或用滴定管刷蘸肥皂水或洗涤剂刷洗(不能用去污粉)。如不能洗净,则需用铬酸洗液浸泡,然后用自来水反复冲洗,最后用少量纯化水润洗2~3次。

装液:为避免滴定管中残留的水分影响标准溶液的浓度,在滴定管装液前,要先用少量标准溶液润洗滴定管2~3次,每次用量为滴定管体积的1/5,冲洗时将滴定管倾斜,慢慢转动,使溶液润遍全管,然后打开活塞,使溶液从下端流出。装液时要直接从试剂瓶注入滴定管,不能经其他容器加入。

排气泡,调零点:滴定管装满溶液后,应检查管下端是否有气泡。若酸式滴定管有气泡,打开活塞使溶液急速流出排除气泡,使溶液充满全部出口管;若是碱式滴定管有气泡,则把橡皮管向上弯曲,玻璃尖嘴斜向上方,用两指挤压玻璃珠,使溶液从尖嘴处喷出而排除气泡(实验图2-1)。然后将溶液液面调节在0.00ml刻度处,或在"0"刻度线以下但接近"0"刻度处。

读数:读数时滴定管应保持垂直,视线必须与液面保持在同一水平面上(实验图2-2)。对于无色或浅色溶液,读取溶液的凹液面最低处与刻度相切点;对于深色溶液如$KMnO_4$、I_2溶液,可读取液面最上缘。初读数和终读数应取同一标准。读数时,应估读到小数点后第二位。

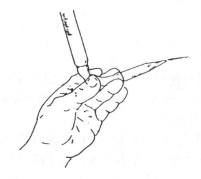

实验图 2-1　碱式滴定管排气泡的方法

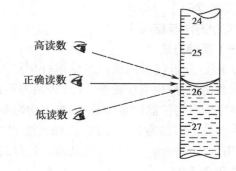

实验图 2-2　目光在不同位置的滴定管读数

（3）滴定操作：使用酸式滴定管，用左手握活塞，拇指在活塞柄的前侧中间，食指和中指在活塞柄的后侧上下两端。转动活塞时，手指微微弯曲，轻轻向里扣住，手心不要顶住活塞小头一端，以免顶出活塞，使溶液漏出（实验图 2-3a）。使用碱式滴定管时，左手拇指和食指捏住乳胶管中玻璃珠所在部位稍上一些的地方，捏挤乳胶管，使溶液流出（实验图 2-3b）。

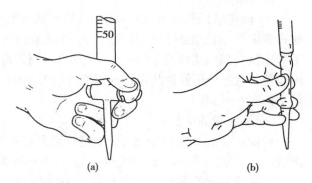

实验图 2-3　滴定管操作示意图
（a）酸式滴定管操作　（b）碱式滴定管操作

滴定时，滴定管下端应插入锥形瓶口少许（1cm 左右），左手控制溶液的流速，右手前三个手指握住瓶颈，沿同一方向作圆周运动旋摇，边滴边摇，使瓶内溶液完全反应，但不能使瓶内溶液溅出。开始滴定时，滴定速度以每秒 3~4 滴为宜。近终点时，滴定速度要慢，以防滴定过量。每加一滴即将溶液摇匀，观察颜色变化情况，再决定是否还要滴加溶液。仅需半滴时，使溶液悬挂在管尖而不滴下，形成半滴溶液并将其与锥形瓶内壁接触，再用洗瓶冲洗下来与溶液反应。如此重复，直到终点出现。读取最终体积，与初始体积相减即为标准溶液消耗的体积。滴定完毕，用水冲洗滴定管，将洗净的滴定管倒放在滴定管架上。

3. 移液管

（1）移液管的形状与规格：移液管又称吸量管，是精密转移一定体积溶液的量器。通常有两种形状，一种管体中部膨大，两端细长，称为移液管或腹式吸管，通常有 10ml、20ml、25ml、50ml、100ml 等规格。另一种为直形管，带有准确刻度，称为吸量管或刻度吸管，常用有 1ml、2ml、5ml、10ml 等规格。

（2）移液管的使用方法：检查、洗涤、荡洗、吸液、放液等五步。

检查：使用前，应检查管尖是否完整，若有破损，则不能使用。

洗涤：洗涤方法与滴定管相同。尽可能只用自来水冲洗、蒸馏水荡洗，必要时采用洗液浸洗。

荡洗：用右手拇指和中指捏住移液管刻度线以上部分，左手拿洗耳球，将移液管下口插入欲吸取的溶液中。先挤出洗耳球内的空气，然后将球的尖端插入移液管颈的管口中，慢慢放开左手指，使溶液吸入管内（实验图 2-4a），先吸入容量的 1/3 左右。用右手的食指按住管口，

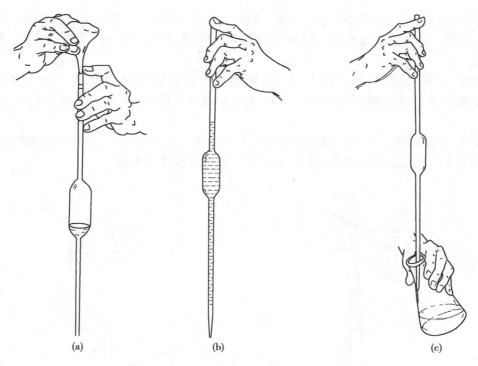

实验图 2-4 移液管转移溶液
（a）吸液 （b）调液面 （c）放液

取出,横置,转动管体壁使内壁被完全浸润,然后弃去,反复荡洗三次即可。

吸液:荡洗后的移液管放入待吸液中吸取溶液至刻度线以上时,移去洗耳球,立即用右手的食指按住管口,使管尖移出液面,管体始终保持垂直,稍减食指压力,使液面缓慢下降至弯月面下缘与标线相切(实验图 2-4b),立即紧按管口,使液体不再流出。

放液:移液管竖直,容器倾斜,移液管尖与容器内壁接触。松开右手食指,溶液自然流出(实验图 2-4c),待溶液全部流尽,再停留 15 秒,方可取出移液管。

残留在管嘴的少量溶液,不要吹出,因移液管校准时,这部分液体体积未计算在内。移液管使用完毕应立即洗净,置于移液管架上备用。

4. 容量瓶

（1）容量瓶的形状与规格:容量瓶常用于准确配制一定体积、一定浓度的溶液。为细长颈、梨形平底玻璃瓶,配有磨口玻璃塞,瓶颈有标线,瓶上标有温度和容积,表示所指温度下瓶内液体的凹液面与容量瓶颈部的刻度线相切时,其体积即为瓶上标示的体积。常用容量瓶有 50ml、100ml、250ml、500ml、1000ml 等规格。

（2）容量瓶的使用方法:分为检查、洗涤、转移、定容、摇匀等五步。

检查:使用前检查容量瓶是否漏水,检查方法:在瓶内注入适量水,盖紧瓶塞,右手握住瓶底,左手按住瓶塞,把瓶倒立约 2 分钟,观察瓶塞周围是否有水渗出。如果不漏水,将瓶直立后,转动瓶塞 180° 再检查一次,若不漏水才可使用。

洗涤:洗涤方法同吸量管。

定量转移:配制溶液时,先将称好的试剂在烧杯中用适量的蒸馏水溶解,然后在玻璃棒的引流下,将溶液转移至容量瓶,溶液全部流完后,将烧杯嘴沿玻璃棒向上提起 1~2cm

并同时直立,使附着在玻璃棒与烧杯嘴之间的溶液流回烧杯中,然后烧杯离开玻璃棒(见实验图 2-5)。用少量蒸馏水洗涤烧杯和玻璃棒,按同样方法将洗涤液转入容量瓶,重复冲洗三次。

定容:定量转移后,加蒸馏水到容量瓶容积的 2/3,旋摇容量瓶,使溶液初步混合。然后慢慢加蒸馏水至液面距标线 1~2cm 处,改用滴管滴加,直至凹液面最低点与标线相切。

摇匀:盖好瓶塞,一只手手指握住瓶底,另一只手食指压紧瓶塞,将容量瓶倒转摇动数次,再直立。如此反复 10~20 次,使溶液充分混匀(见实验图 2-6)。

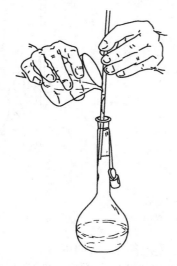 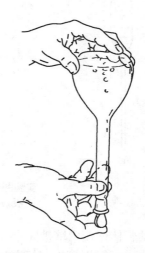

实验图 2-5　溶液转入容量瓶　　　　实验图 2-6　容量瓶摇匀溶液操作

(二) 实验结果

1. 洗涤滴定分析仪器要求

2. 滴定管、移液管、容量瓶操作要领

【注意事项】

1. 向滴定管中转移溶液时,标准溶液要直接从试剂瓶倒入滴定管内,不要经其他容器转移,以免污染标准溶液或影响标准溶液的浓度。

2. 在平行实验的每次滴定中,溶液的体积应控制在滴定管刻度的同一部位,这样可以抵消因滴定管上下刻度不够准确而引起的误差。

3. 每次滴定管初读数和末读数必须由一人读取,避免两人的读数误差不同而引起误差的累积。

4. 容量瓶不能长期存放溶液,配好的溶液应倒入洁净干燥的试剂瓶。

【实验思考】

1. 洗涤玻璃仪器时,什么情况下使用铬酸洗液?特别注意什么?

2. 酸式滴定管的活塞为什么要涂抹凡士林?如何正确操作酸式滴定管?

3. 定量转移的含义是什么?

4. 用移液管移取溶液放液时,为什么管体垂直?为什么流完后管尖接触瓶内壁停留 15 秒,残留在管末端的少量溶液不可吹出?

(戴惠玲)

实验三　酸碱滴定练习

【实验目标】

1. 学会酸式滴定管、碱式滴定管及移液管的使用。

2. 学会滴定的基本操作。

3. 学会正确的判断滴定终点。

【实验准备】

1. 仪器:酸式滴定管(25ml)、碱式滴定管(25ml)、移液管(25ml)、锥形瓶(250ml)、洗耳球、烧杯、洗瓶、胶头滴管。

2. 试剂:0.1000mol/L NaOH 溶液、0.1000mol/L HCl 溶液、0.1% 甲基橙指示剂、0.1% 酚酞指示剂。

【实验学时】 2 学时

【实验原理】

NaOH 标准溶液滴定 HCl 溶液时,用酚酞作为指示剂,终点时溶液由无色变至浅红色。HCl 标准液滴定 NaOH 溶液时,终点颜色由黄色变至橙色,其反应式为:

$$HCl+NaOH \!\!=\!\!=\!\! NaCl+H_2O$$

【实验方法与结果】

(一) 实验方法

1. NaOH 标准溶液滴定 HCl 溶液

(1) 将碱式滴定管检漏、洗净后,用少量的 0.1mol/L NaOH 标准液润洗 2~3 次,装入 0.1mol/L NaOH 标准溶液。排除气泡,调好零点。

(2) 用移液管准确量取 20.00mlHCl 溶液于洁净的 250ml 锥形瓶中,加 2 滴酚酞指示剂。

(3) 用 0.1mol/L NaOH 标准溶液滴定 HCl 溶液由无色变浅红色,30 秒不褪色,即为终点,记录 NaOH 标准溶液的用量。重复以上操作至消耗 NaOH 标准溶液体积相差小于 0.04ml 为止。

2. HCl 标准溶液滴定 NaOH 溶液

(1) 将酸式滴定管的活塞涂凡士林、检漏、洗净后,用少量的 0.1mol/L HCl 标准溶液润洗 2~3 次,装入 0.1mol/L HCl 标准溶液,排除气泡,调好零点。

(2) 用移液管准确量取 20.00mlNaOH 溶液于洁净的 250ml 锥形瓶中,加 2 滴甲基橙指示剂。

(3) 用 0.1mol/L HCl 标准溶液滴定 NaOH 溶液由黄色变为橙色,30 秒不褪色,即为终点,记录 HCl 标准溶液的用量。重复以上操作至消耗 HCl 标准溶液体积相差小于 0.04ml 为止。

(二) 实验结果

1. 实验数据记录

(1) NaOH 标准溶液滴定 HCl 溶液

测定次数	1	2	3
NaOH 标准溶液终读数(ml)			
NaOH 标准溶液初读数(ml)			
消耗 NaOH 标准溶液体积(ml)			

(2) HCl 标准溶液滴定 NaOH 溶液

测定次数	1	2	3
HCl 标准溶液终读数(ml)			
HCl 标准溶液初读数(ml)			
消耗 HCl 标准溶液体积(ml)			

2. 结果计算

(1) NaOH 标准溶液滴定 HCl 溶液

$\bar{x}=$

(2) HCl 标准溶液滴定 NaOH 溶液

$\bar{x}=$

【实验评价】

(1) NaOH 标准溶液滴定 HCl 溶液

$\bar{d}=$

$R\bar{d}=$

(2) HCl 标准溶液滴定 NaOH 溶液

$\bar{d}=$

$R\bar{d}=$

【注意事项】

1. 滴定分析仪器必须清洗干净。

2. 滴定仪器使用完毕后必须清洗干净,摆放到指定位置。

3. 体积读数要读至小数点后两位;滴定速度不要成流水线;近终点时,采取半滴操作和洗瓶冲洗。

【实验思考】

1. 在滴定分析中,滴定管和移液管为什么需要滴定剂和要移取液润洗 3 次? 滴定中使用的锥形瓶是否也要润洗? 为什么?

2. 滴定管有气泡存在时对滴定有何影响? 应如何除去滴定管中的气泡?

3. 使用移液管的操作要领是什么?

4. 接近终点时,为什么要用蒸馏水冲洗锥形瓶内壁?

(浦绍且)

实验四　酸碱滴定液的配制与标定

【实验目标】

1. 学会盐酸、氢氧化钠滴定液的配制方法。

2. 学会用基准物质标定盐酸滴定液的浓度和用比较法标定氢氧化钠滴定液浓度的方法。

3. 正确判断甲基红 - 溴甲酚绿和酚酞指示剂的滴定终点。

【实验准备】

1. 仪器:托盘天平、分析天平、滴定管、移液管、烧杯、锥形瓶、试剂瓶。

2. 试剂:NaOH(固体)、浓 HCl、无水 Na_2CO_3、甲基红 - 溴甲酚绿和酚酞指示剂等。

【实验学时】　2 学时

【实验原理】

1. 浓盐酸具有挥发性,不符合基准物质的条件,因此只能采用间接法配制。标定盐酸常用的基准物质是无水碳酸钠,用甲基红 - 溴甲酚绿混合指示剂指示终点。其标定反应为:

$$Na_2CO_3 + 2HCl == 2NaCl + CO_2\uparrow + H_2O$$

在化学计量点时,生成的产物 H_2CO_3 溶液易形成饱和溶液,使计量点附近酸度改变较小,导致指示剂颜色变化不够敏锐。因此在反应接近终点时,应将溶液煮沸,振摇锥形瓶释放部分 CO_2,冷却后再继续滴定至终点。

2. NaOH 不但易吸收空气中的水分,还易吸收 CO_2 生成 Na_2CO_3,因此只能用间接法配制,为排除 NaOH 溶液中的 Na_2CO_3,通常将 NaOH 配制成饱和溶液(密度 1.56,质量分数 0.52),贮于塑料瓶中,使 Na_2CO_3 沉于底部,取上清液稀释成所需的配制浓度,标定准确浓度即可。标定 NaOH 标准溶液常用基准物质邻苯二甲酸氢钾,也可以用已知准确浓度的 HCl 滴定液。

【实验方法与结果】

(一)实验方法

1. 盐酸滴定液(0.1mol/L)的配制和标定

(1)盐酸滴定液(0.1mol/L)的配制:用量筒量取浓盐酸 4.5ml,加 500ml 蒸馏水至刻度线,充分混匀,转移至试剂瓶中,密塞,贴上标签备用。

(2)盐酸滴定液(0.1mol/L)的标定:精密称取 270~300℃干燥至恒重的基准无水碳酸钠三份,每份约 0.12~0.15g。分别置于 250ml 锥形瓶中,加约 50ml 蒸馏水溶解,加甲基红 - 溴甲酚绿指示剂 10 滴,用待标定的盐酸滴定液滴定至溶液由绿色转变为紫红色时,煮沸 2 分钟,冷却至室温,继续滴定至溶液由绿色变为暗紫色即为终点。根据消耗盐酸滴定液的体积与无水碳酸钠的质量,计算盐酸滴定液的浓度。平行测定三次。

2. 氢氧化钠滴定液(0.1mol/L)的配制和标定

(1)氢氧化钠饱和溶液的配制:用托盘天平称取固体氢氧化钠 120g,放入盛有 20ml 蒸馏水的 100ml 烧杯内,边搅拌边加蒸馏水 80ml,待冷却后,转入聚乙烯塑料瓶中,用橡皮塞密塞,贴好标签,静置数日,备用。

(2)氢氧化钠滴定液(0.1mol/L)的配制:取饱和氢氧化钠溶液的上清液 2.8ml 置 500ml 烧杯内,加新煮沸放冷的蒸馏水,稀释至 500ml,转入试剂瓶中,密塞,贴上标签,备用。

(3)氢氧化钠滴定液(0.1mol/L)的标定:用酸式滴定管或移液管量取已知浓度的盐酸滴

定液 20.00ml,置锥形瓶中,加酚酞指示剂 2 滴,用待标定的氢氧化钠滴定液滴定至溶液呈浅红色,30 秒内不消失即为终点。根据消耗氢氧化钠滴定液的体积,算出氢氧化钠滴定液的浓度。平行测定三次。

(二) 实验结果

1. 实验数据记录

(1) 盐酸滴定液(0.1mol/L)的标定

测定次数	1	2	3
精密称取 Na_2CO_3 的质量(g)			
HCl 滴定液终读数(ml)			
HCl 滴定液初读数(ml)			
消耗 HCl 滴定液的体积 V(ml)			

(2) 氢氧化钠滴定液(0.1mol/L)的标定

测定次数	1	2	3
HCl 标准溶液的体积 V(ml)			
NaOH 滴定液终读数(ml)			
NaOH 滴定液初读数(ml)			
消耗 NaOH 滴定液的体积 V(ml)			

2. 结果计算

(1) 盐酸滴定液(0.1mol/L)的标定

$$c_{HCl} = \frac{2m_{Na_2CO_3}}{V_{HCl} \times M_{Na_2CO_3}} \times 10^3$$

$\bar{c} =$

(2) 氢氧化钠滴定液(0.1mol/L)的标定

$$c_{NaOH} = \frac{c_{HCl} \times V_{HCl}}{V_{NaOH}}$$

$\bar{c} =$

【实验评价】

1. 盐酸滴定液(0.1mol/L)的标定

$\bar{d} =$

$R\bar{d} =$

2. 氢氧化钠滴定液(0.1mol/L)的标定

$\bar{d} =$

$R\bar{d} =$

【注意事项】

1. 无水 Na_2CO_3 经高温烧烤后,极易吸收空气中水分,故称量时动作要快,称量瓶盖一定要盖严,防止无水 Na_2CO_3 吸潮。

2. 滴定前应仔细检查滴定管是否洗净,是否漏液,活塞转动是否灵活,否则很容易导致实验失败。

3. 滴定管在装液前应用待装溶液润洗。

4. 滴定前滴定管中应无气泡,若有气泡应排出,再调节初读数。

5. 滴定管的初读数应从整刻度开始以减小由估计读数引入的误差。

【实验思考】

1. 盐酸和氢氧化钠滴定液能否用直接法来配制?为什么?

2. 在用无水碳酸钠标定盐酸时,近终点时加热煮沸2分钟的目的是什么?

3. 比较法标定氢氧化钠时,量取已知浓度的盐酸滴定液,一定要取20.00ml吗? 19.90ml 可以吗?

(浦绍且)

实验五　生理盐水中氯化钠含量的测定

【实验目标】

1. 学会用吸附指示剂法测定样品的含量。

2. 学会用吸附指示剂确定滴定终点和控制反应条件。

【实验准备】

1. 仪器:移液管(10ml)、容量瓶(100ml)、棕色酸式滴定管(50ml)、锥形瓶(250ml)、量筒(10ml)、量筒(50ml)。

2. 试剂:0.1mol/LAgNO₃ 标准溶液、浓氯化钠注射液、2% 糊精溶液、荧光黄指示剂。

【实验学时】　2 学时

【实验原理】

本实验用 AgNO₃ 作标准溶液,以荧光黄为指示剂测定浓 NaCl 注射液的含量。在化学计量点前,AgCl 胶粒吸附 Cl⁻（AgCl·Cl⁻）使沉淀表面带负电荷,由于同性相斥,故不吸附荧光黄指示剂的阴离子,这时溶液显示指示剂阴离子本身的颜色,即黄绿色。当滴定至化学计量点后,稍过量的 Ag⁺ 被 AgCl 胶粒吸附而带上正电荷（AgCl·Ag⁺）,带正电荷的胶粒吸附荧光黄阴离子,使其结构发生变化,颜色变为淡红色,从而指示终点。其变色过程可表示为:

终点前:　　　　　　　　　　$HFIn \rightleftharpoons H^+ + FIn^-$（黄绿色）

$$AgCl + Cl^- + FIn^- \rightleftharpoons AgCl \cdot Cl^- + FIn^-（黄绿色）$$

终点时:　　　　　　　　　　Ag^+（稍过量）

$$AgCl + Ag^+ \rightleftharpoons AgCl \cdot Ag^+$$

$$(AgCl) \cdot Ag^+ + FIn^-（黄绿色） \rightleftharpoons (AgCl) \cdot Ag^+ \cdot FIn^-（浅红色）$$

【实验方法与结果】

(一) 实验方法

1. 供试液的制备　精密吸取浓氯化钠注射液 10.00ml,置于 100ml 容量瓶中,加纯化水稀释至刻度,摇匀待测定。

2. 含量的测定　精密吸取上述供试液 10.00ml 置于锥形瓶中,加纯化水 40ml,2% 糊精溶液 5ml,荧光黄指示剂 5~8 滴,用 0.1mol/LAgNO₃ 滴定液滴定至混浊液由黄绿色变为淡红色即为终点。记录所消耗的 AgNO₃ 滴定液的体积。按下式计算氯化钠的含量。

$$\rho_{NaCl} = \frac{(cV)_{AgNO_3} M_{NaCl} \times 10^{-3}}{10.00 \times \dfrac{10.00}{100.00}}$$

平行测定三次。计算氯化钠的含量和三次结果的相对平均偏差。

（二）实验结果

1. 实验数据记录

测定次数	1	2	3
$AgNO_3$ 滴定液终读数（ml）			
$AgNO_3$ 滴定液初读数（ml）			
V_{AgNO_3}（ml）			

2. 结果计算：

$\rho_1 =$

$\rho_2 =$

$\rho_3 =$

$\bar{\rho} =$

【实验评价】：

$\overline{Rd} =$

【注意事项】

1. 为防止 AgCl 胶粒聚沉，应先加入糊精溶液，再用 $AgNO_3$ 滴定液滴定。

2. 应在中性或弱碱性（pH=7~10）条件下滴定，一方面使荧光黄指示剂主要以 FIn^- 形式存在，另一方面也避免了氧化银沉淀的生成。

3. 滴定操作应避免在强光下进行，以防止 AgCl 分解析出金属银，影响终点的观察。

4. 10.00ml 吸量管与 100.0ml 容量瓶应配套使用。

【实验思考】

1. 测定 NaCl 溶液含量时可以选用曙红做指示剂吗？为什么？

2. 滴定前为什么要加糊精溶液？

3. 实验完毕，如何洗涤滴定管？

（何文涛）

实验六　EDTA 标准溶液的配制与标定

【实验目标】

1. 学会 EDTA 标准溶液的配制与标定方法。

2. 学会用铬黑 T 指示剂确定滴定终点。

【实验准备】

1. 仪器：100ml 烧杯、250ml 烧杯、250ml 锥形瓶、250ml 容量瓶、25ml 移液管、表面皿、滴管、玻璃棒、洗瓶、托盘天平、电子天平、酸式滴定管。

2. 试剂：EDTA、铬黑 T 指示剂、氨性缓冲溶液（pH=10）、金属锌（基准试剂）、6mol/L HCl、6mol/L $NH_3·H_2O$。

【实验学时】 1学时

【实验原理】

本实验采用纯锌为基准物,铬黑T为指示剂,标定EDTA标准溶液浓度,

滴定前:$Zn^{2+}+EBT \rightleftharpoons Zn\text{-}EBT$

紫红色

终点前:$Zn^{2+}+EDTA \rightleftharpoons Zn\text{-}EDTA$

终点时:$Zn\text{-}EBT+EDTA \rightleftharpoons Zn\text{-}EDTA+EBT$

紫红色 纯蓝色

【实验方法与结果】

(一)实验方法

1. 0.01mol/L EDTA标准溶液的配制

(1)直接配制法:精密称取0.95g(准确至0.0001g)干燥至恒重的分析纯$Na_2H_2Y \cdot 2H_2O$,置于小烧杯中,加适量纯化水温热溶解,冷却后转移至250ml容量瓶中,稀释至刻度,摇匀备用。并计算EDTA滴定液的浓度。

$$c_{EDTA}=\frac{m_{EDTA}}{V_{EDTA}M_{EDTA}} \times 10^3$$

(2)间接配制法:用托盘天平称取1.9g $Na_2H_2Y \cdot 2H_2O$,溶于300ml温热的水中,冷却后稀释至500ml,混匀并贮于硬质玻璃瓶或聚乙烯塑料瓶中。

2. 0.01mol/L EDTA标准溶液的标定 精密称取金属锌约0.3g(准确至0.0001g),置于100ml烧杯中,加入6mol/L的HCl试剂10ml,盖上表面皿,等完全溶解后,用蒸馏水冲洗表面皿和烧杯壁,将溶液转入250ml容量瓶中,用水稀释至刻度并摇匀。

用25ml移液管准确移取上述锌溶液25.00ml于250ml锥形瓶中,加入20~30ml蒸馏水,在不断摇动下滴加6mol/L $NH_3 \cdot H_2O$至产生白色沉淀,继续滴加6mol/L $NH_3 \cdot H_2O$至沉淀恰好溶解。加入氨性缓冲溶液(pH=10)10ml及铬黑T指示剂数滴(此时溶液为紫红色),用待标定的EDTA滴定至溶液由紫红色变为纯蓝色即为终点,平行测定3次。按下式计算EDTA的浓度:

$$c_{EDTA}=\frac{m_{Zn} \times \dfrac{25.00}{250.0}}{V_{EDTA} \times M_{Zn}} \times 10^3$$

(二)实验结果

1. 实验数据记录

基准金属锌:$m_{Zn}=$

滴定消耗EDTA的体积:

测定份数	1	2	3
EDTA标准液终读数(ml)			
EDTA标准液初读数(ml)			
V_{EDTA}(ml)			

2. 结果计算

(1) $c_{EDTA}=$

(2) $c_{EDTA}=$

(3) $c_{EDTA}=$

$\overline{C}_{EDTA}=$

【实验评价】

$\overline{Rd}=$

【注意事项】

1. 临近终点时,EDTA 滴定液应缓慢加入。

2. 滴定应在自然光或日光灯下进行,否则会影响滴定终点的判断。

3. 配位反应速度较慢,因此滴定时速度不能过快,尤其是临近终点时,应该逐滴加入并充分摇动。

4. 贮存 EDTA 溶液应选用硬质玻璃瓶,避免与橡皮塞、橡皮管等接触,如有条件用聚乙烯塑料瓶贮存更佳。

5. 在配制 EDTA 溶液时,要保证固体全部溶解。

【实验思考】

1. 本实验中量取 6mol/L 的 HCl 试剂、氨性缓冲溶液分别用什么量器?为什么?

2. 本实验中,滴加 6mol/L $NH_3 \cdot H_2O$ 至产生白色沉淀,继续滴加此 $NH_3 \cdot H_2O$ 至沉淀恰好溶解,此操作的目的是什么?

3. 如果用 HAc-NaAc 缓冲溶液,能否用铬黑 T 为指示剂?为什么?

(王　虎)

实验七　水的总硬度测定

【实验目标】

1. 学会 EDTA 滴定液测定水的总硬度方法。

2. 学会用铬黑 T 指示剂确定滴定终点;正确计算与表示水的总硬度。

【实验准备】

1. 仪器:量筒(10ml)、100ml 烧杯、250ml 锥形瓶、100ml 容量瓶、滴管、酸式滴定管。

2. 试剂:EDTA 滴定液(0.01mol/L)、铬黑 T 指示剂、氨性缓冲溶液(pH=10)。

【实验学时】　1 学时

【实验原理】

测定水的硬度,实际上就是测定水中 Ca^{2+}、Mg^{2+} 含量。本实验采用 EDTA 标准溶液,以铬黑 T 为指示剂进行测定

滴定前:

$$Mg^{2+}+EBT \rightleftharpoons Mg\text{-}EBT$$
$$\text{酒红色}$$

$$Ca^{2+}+EBT \rightleftharpoons Ca\text{-}EBT$$
$$\text{酒红色}$$

终点前:

$$Mg^{2+}+EDTA \rightleftharpoons Mg\text{-}EDTA$$
$$\text{无色}$$

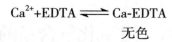

$$Ca^{2+}+EDTA \rightleftharpoons Ca\text{-}EDTA$$
无色

终点时：

$$Mg\text{-}EBT+EDTA \rightleftharpoons Mg\text{-}EDTA+EBT$$
酒红色　　　　　　　　纯蓝色

$$Ca\text{-}EBT+EDTA \rightleftharpoons Ca\text{-}EDTA+EBT$$
酒红色　　　　　　　　纯蓝色

【实验方法与结果】

（一）实验方法

用 100ml 移液管准确移取水样 100.0ml，置于 250ml 锥形瓶中，加入氨性缓冲溶液（pH=10）2ml 及铬黑 T 指示剂数滴（此时溶液为酒红色）。用 0.01mol/L EDTA 滴定液滴定至溶液由酒红色变为蓝色即为终点。记录消耗 EDTA 滴定液的体积。按下式计算水的总硬度：

$$\rho_{CaCO_3}=\frac{(cV)_{EDTA}M_{CaCO_3}}{V_{水样}}\times10^3\,(\text{mg/L})$$

平行测定 3 次，计算相对平均偏差。

（二）实验结果

1. 实验数据记录

滴定消耗 EDTA 的体积：

测定份数	1	2	3
EDTA 标准液终读数（ml）			
EDTA 标准液初读数（ml）			
V_{EDTA}（ml）			

2. 结果计算

$\rho_1=$

$\rho_2=$

$\rho_3=$

$\bar{\rho}=$

【实验评价】

$\overline{Rd}=$

【注意事项】

1. 氨性缓冲溶液放置时间较长，氨水浓度降低时，应重新配制。使用时防止反复开盖使氨水浓度降低而影响 pH。

2. 加入缓冲液后，应立即滴定，并于 5 分钟内完成，以防沉淀生成。

3. 本实验操作中消耗 EDTA 较少，一定要注意观察指示剂颜色改变。

【实验思考】

1. 本实验进行测定的过程中，你觉得成败的关键是什么？

2. 测定时加入氨性缓冲溶液的目的是什么？

（王　虎）

实验八 过氧化氢含量的测定

【实验目标】

1. 学会 $KMnO_4$ 标准溶液的配制与标定。

2. 学会 $KMnO_4$ 法测定 H_2O_2 含量的方法。

3. 学会用 $KMnO_4$ 作自身指示剂确定滴定终点。

【实验准备】

1. 仪器:恒温水浴锅、托盘天平、电子天平、酸式滴定管(50ml)、刻度吸管(10ml、1ml)、吸耳球、锥形瓶、垂熔玻璃漏斗、胶头滴管、洗瓶等。

2. 试剂:固体 $KMnO_4$、基准 $Na_2C_2O_4$、3mol/L H_2SO_4 溶液、3%(g/ml)H_2O_2 溶液等。

【实验学时】 2 学时

【实验原理】

1. $KMnO_4$ 标准溶液应采用间接法配制。一般是将溶液配制好,贮存于棕色瓶中,密闭保存 7~10 天后,过滤,再用基准物质进行标定。

2. 标定 $KMnO_4$ 标准溶液,常用的基础物质是 $Na_2C_2O_4$。其标定反应如下:

$$2MnO_4^- + 5C_2O_4^{2-} + 16H^+ \rightleftharpoons 2Mn^{2+} + 10CO_2\uparrow + 8H_2O$$

为提高反应速率,可将滴定反应温度控制在 75℃~85℃,以 $KMnO_4$ 作为自身指示剂,滴定至溶液出现微红色(30 秒内不褪色)即为终点。

3. 在室温、酸性条件下,H_2O_2 能和 $KMnO_4$ 定量反应,因此,可以用 $KMnO_4$ 标准溶液直接测定 H_2O_2 的含量。其反应式为:

$$2MnO_4^- + 5H_2O_2 + 6H^+ === 2Mn^{2+} + 5O_2\uparrow + 8H_2O$$

滴定开始时,反应较慢,待有少量 Mn^{2+} 生成后,由于 Mn^{2+} 的催化作用,反应速率逐渐加快,此时滴定速率可适当加快。滴定至终点时,溶液呈微红色(30 秒内不褪色)。

【实验方法与结果】

(一) 实验方法

1. 0.02mol/L $KMnO_4$ 标准溶液的配制 用托盘天平称取 1.6g $KMnO_4$ 置于一大烧杯中,加蒸馏水 500ml,煮沸 15 分钟,冷却后置于棕色瓶中,于暗处静置 7~14 天,用垂熔玻璃漏斗过滤,备用。

2. 0.02mol/L $KMnO_4$ 标准溶液的标定 精密称取于 105℃干燥至恒重的基准草酸钠约 0.2g,加入新煮沸过的冷蒸馏水 25ml 和 3mol/L H_2SO_4 溶液 10ml,使其溶解,然后从滴定管中迅速加入待标定的 $KMnO_4$ 标准溶液约 25ml,放在 75~85℃水浴锅中加热,待褪色后,继续滴定至溶液显微红色(30 秒内不褪色)即为终点。记录消耗的 $KMnO_4$ 标准溶液的体积。平行测定 3 次。滴定结束时,溶液温度应不低于 55℃。按下式计算 $KMnO_4$ 标准溶液的浓度:

$$c_{KMnO_4} = \frac{2m_{Na_2C_2O_4} \times 10^3}{5M_{Na_2C_2O_4} V_{KMnO_4}}$$

3. H_2O_2 含量的测定 用刻度吸管吸取 1.00ml H_2O_2 样品液,置于盛有约 20ml 蒸馏水的锥形瓶中,加 3mol/L H_2SO_4 溶液 10ml,用 0.02mol/L $KMnO_4$ 标准溶液滴定至微红色(30 秒内不褪色)即为终点。记录消耗的 $KMnO_4$ 标准溶液的体积。平行测定 3 次。按下式计算 H_2O_2 的含量。

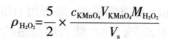

$$\rho_{H_2O_2}=\frac{5}{2}\times\frac{c_{KMnO_4}V_{KMnO_4}M_{H_2O_2}}{V_s}$$

（二）实验结果

1. 实验数据记录

基准 $Na_2C_2O_4$ 标定 $KMnO_4$ 标准溶液的浓度

测定次数	1	2	3
基准 $Na_2C_2O_4$ 的质量（g）			
$KMnO_4$ 标准溶液终读数（ml）			
$KMnO_4$ 标准溶液初读数（ml）			
V_{KMnO_4}（ml）			

H_2O_2 含量的测定

H_2O_2 样品液的体积（ml）	1.00	1.00	1.00
$KMnO_4$ 标准溶液终读数（ml）			
$KMnO_4$ 标准溶液初读数（ml）			
V_{KMnO_4}（ml）			

2. 结果计算

（1）$KMnO_4$ 标准溶液的浓度

1）$c_{KMnO_4}=$

2）$c_{KMnO_4}=$

3）$c_{KMnO_4}=$

$\bar{c}_{KMnO_4}=$

（2）H_2O_2 的含量

1）$\rho_{H_2O_2}=$

2）$\rho_{H_2O_2}=$

3）$\rho_{H_2O_2}=$

$\bar{\rho}_{H_2O_2}=$

【实验评价】

1. $R\bar{d}_{KMnO_4}=$　　　　　　　　　　2. $R\bar{d}_{H_2O_2}=$

【注意事项】

1. 滴定开始时，滴定速度不能太快。

2. H_2O_2 有很强的腐蚀性，操作时谨防溅到皮肤和衣物上。

3. $KMnO_4$ 标准溶液为深色溶液，读体积数时应读取液面的最上缘。

4. 终点应出现微红色且 30 秒内不褪色。

5. 为减少 H_2O_2 的挥发、分解，每份 H_2O_2 样品液应在滴定前取用。

6. 实验结束，应立即用自来水冲洗滴定管，以免堵塞滴定管尖。

【实验思考】

1. 配制 $KMnO_4$ 标准溶液时，为何要加热煮沸一定的时间？过滤 $KMnO_4$ 滴定液的目的是什么？能否用滤纸过滤？

2. 用基准 $Na_2C_2O_4$ 标定 $KMnO_4$ 标准溶液时,能否用 HCl 或 HNO_3 酸化溶液? 为什么?

3. 用 $KMnO_4$ 标准溶液测定 H_2O_2 含量时,能否用加热的方法提高反应速率? 为什么?

4. 实验中如果酸度不够,会出现什么现象?

(接明军)

实验九 维生素 C 含量的测定

【实验目标】

1. 学会直接碘量法测定维生素 C 含量的方法。

2. 学会用淀粉指示剂确定滴定终点。

【实验准备】

1. 仪器:电子天平、酸式滴定管(50ml)、刻度吸管(10ml)、量筒、吸耳球、锥形瓶、洗瓶等。

2. 试剂:固体维生素 C 样品、2mol/L CH_3COOH 溶液、0.05mol/L I_2 标准溶液、淀粉指示剂等。

【实验学时】 2 学时

【实验原理】

维生素 C 化学式为 $C_6H_8O_6$,分子中的烯二醇基具有较强的还原性,能被弱氧化剂 I_2 定量地氧化成二酮基,其反应如下:

在碱性条件下有利于反应向右进行,但由于维生素 C 在中性或碱性溶液中易被空气中的 O_2 氧化,所以,滴定常在稀 CH_3COOH 溶液中进行。

【实验方法与结果】

(一)实验方法

1. 溶解维生素 C 精密称取维生素 C 约 0.2g,置于 250ml 碘量瓶中,并加入新煮沸放冷的蒸馏水 100ml 和 2mol/L CH_3COOH 溶液 10ml,搅拌,使维生素 C 溶解。

2. 测定维生素 C 的含量 向维生素 C 溶液中加入淀粉指示剂 1ml,用 0.05mol/L I_2 标准溶液滴定至溶液呈现蓝色(30 秒内不褪色)即为终点。记录消耗 I_2 标准溶液的体积。平行测定 3 次。按下式计算维生素 C 的含量。

$$\omega_{C_6H_8O_6} = \frac{c_{I_2}V_{I_2}M_{C_6H_8O_6}\times10^{-3}}{m_S}$$

(二)实验结果

1. 实验数据记录

测定次数	1	2	3
维生素 C 的质量(g)			
I_2 标准溶液的终读数(ml)			
I_2 标准溶液的初读数(ml)			
V_{I_2}(ml)			

2. 结果计算

(1) $\omega_{C_6H_8O_6}=$

(2) $\omega_{C_6H_8O_6}=$

(3) $\omega_{C_6H_8O_6}=$

$\overline{\omega}_{C_6H_8O_6}=$

【实验评价】

$\overline{Rd}=$

【注意事项】

1. 维生素 C 的滴定反应多在酸性溶液中进行,因在酸性介质中维生素 C 受空气中 O_2 的氧化速度稍慢,较为稳定。但样品溶于稀酸后,仍需立即进行滴定。

2. 维生素 C 在有水或潮湿的情况下易分解。

3. I_2 易挥发,量取 I_2 标准溶液后应立即盖好瓶塞。

4. 滴定至近终点时应充分振摇,并减慢滴定速率。

【实验思考】

1. 直接碘量法指示剂何时加入,终点颜色是什么?

2. 为什么要用新煮沸放冷的蒸馏水溶解维生素 C?

3. 测定中加稀 CH_3COOH 的目的是什么?

(接明军)

实验十　饮用水 pH 的测定

【实验目标】

1. 学会使用 pH 计测定溶液 pH。

2. 学会用两次测定法测定溶液的 pH。

【实验准备】

1. 仪器:pHS-3C 型酸度计或其他型号、玻璃电极和饱和甘汞电极(或复合 pH 玻璃电极)、50ml 小烧杯。

2. 试剂:pH4.00 标准缓冲溶液、pH6.86 标准缓冲溶液、pH9.18 标准缓冲溶液。

【实验学时】　2 学时

【实验原理】

用直接电位法测定溶液的 pH,常用的指示电极为玻璃电极,参比电极为饱和甘汞电极。将两支电极插入到待测 pH 溶液中组成原电池,即表示为:

(−)玻璃电极 | 待测 pH 溶液 ‖ 饱和甘汞电极(+)

25℃时该电池的电动势为:

$$E = \varphi_{饱和甘汞} - \varphi_{玻}$$
$$= K_{玻} + 0.059pH$$

由于每支玻璃电极的性质常数"$K_{玻}$"是不相同的,因此在测定时采用两次测定法以消除其影响。两次测定法是先测定由已知 pH 标准溶液(pH_s)构成原电池的电池电动势(E_s)。然后再测定由待测溶液(pH_x)构成原电池的电池电动势(E_x)。而 E_s、E_x 与 pH_s、pH_x 的关系式为:

$$pH_x = pH_s + \frac{E_x - E_s}{0.059}$$

从上式可知,只要知道 E_s 与 E_x 的测量值和 pH_s,就能计算待测溶液的 pH_x。

在实际测定中,pH 计可直接显示出溶液的 pH,而不必通过上式计算被测溶液的 pH。

【实验方法与结果】

(一) 实验方法

1. 标准 pH 缓冲溶液的配制　配制标准缓冲溶液,配制方法参照附录。

2. pHS-3C 型酸度计的校准与校验

(1) 仪器使用前准备:将浸泡好的玻璃电极和饱和甘汞电极夹在电极夹上,接上电极导线。用纯化水清洗两电极头部分,并用滤纸吸干电极外壁上的水。

(2) 仪器的预热:打开仪器电源开关预热 20 分钟。

(3) 仪器的校准:

1) 将仪器功能选择按钮置 "pH" 挡。

2) 将两个电极插入 pH 接近 7 的标准缓冲溶液(pH=6.86,298.15K)中。

3) 测量缓冲溶液温度,调节 "温度" 补偿旋钮,使指向该温度值。

4) 将 "斜率" 调节器按顺时针转到底(100%)。

5) 将清洗过的电极插入已知 pH 的标准缓冲溶液中,轻摇装有标准缓冲溶液的烧杯,直至电极反应达到平衡。

6) 调节 "定位" 旋钮,使仪器上显示的读数和标准缓冲溶液在该温度下的 pH 相同(如 pH=6.86)。

7) 取出电极,移去标准缓冲溶液,用水清洗两电极后,再插入另一 pH 接近被测溶液 pH 的标准缓冲溶液中(如 pH=9.18,298.15K),轻摇烧杯,旋动 "斜率" 调节器,使仪器显示该标准缓冲溶液的 pH(此时不能动 "定位" 旋钮),调好后,"定位" 与 "斜率" 调节器都不能再动。

3. 待测水样 pH 的测定　把电极从标准缓冲溶液中取出,先用纯化水清洗两个电极头部后,再用待测水样冲洗一次,然后把电极插入待测水样中,同样轻摇烧杯,电极反应平衡后,读取被测水样的 pH。

4. 结束工作　测量完毕取出电极,用水洗净,用滤纸吸干甘汞电极上的水,塞上橡皮塞后放回电极盒中;将玻璃电极浸泡在纯化水中,切断电源。

(二) 实验结果

饮用水 pH 的测定(　　℃)

仪器型号				
电极型号				
标准缓冲溶液的 pH	0.05mol/L 邻苯二甲酸氢钾	0.025mol/L KH$_2$PO$_4$ 和 Na$_2$HPO$_4$	0.01mol/L 硼砂	
饮用水的 pH	1	2	3	平均值

【注意事项】

1. 正确使用与保养电极

(1) 复合电极不用时,应浸泡于 3mol/L 氯化钾溶液中。切忌用洗涤液或其他吸水性试剂浸洗。

(2) 使用前,检查玻璃电极及其前端的球泡。正常情况下,电极应该透明而无裂纹;球泡内要充满溶液,不能有气泡存在。

(3) 测量浓度较大的溶液时,应尽量缩短测量时间,用后仔细清洗,防止被测液粘附在电极上而污染电极。

(4) 清洗电极后,不要用滤纸擦拭玻璃膜,而应用滤纸吸干,避免损坏玻璃薄膜、防止交叉污染,影响测量精度。

(5) 测量中注意电极的银 - 氯化银内参比电极应浸入到球泡内氯化物缓冲溶液中,避免电位计显示部分出现数字乱跳现象。使用时,注意将电极轻轻甩几下。

(6) 电极不能用于强酸、强碱或其他腐蚀性溶液。

(7) 严禁在脱水介质如无水乙醇、重铬酸钾等中使用。

2. 校准 pH 计 在校准前应特别注意待测溶液的温度,以便正确选择标准缓冲液,并调节电位计面板上的温度补偿旋钮,使其与待测溶液的温度一致。

对使用频繁的 pH 计一般在 48h 内仪器不需要再次校准。如遇到下列情况之一,仪器则需要重新校准:

(1) 溶液温度与校准温度有较大的差异时。

(2) 电极在空气中暴露过久,如半小时以上时。

(3) 定位或斜率调节器被误动。

(4) 测量过酸(pH<2)或过碱(pH>12)的溶液后。

(5) 更换电极。

(6) 当所测溶液的 pH 值不能在两点定标时所选溶液的中间,且距 pH7 又较远时。

【实验思考】

1. 在测量溶液的 pH 值时,为什么 pH 计要用标准 pH 缓冲溶液进行定位?

2. 为什么应尽量选用与待测液 pH 相近的标准缓冲溶液来校正酸度计?

3. 测定溶液 pH 值时,已经标定的仪器,"定位"调节是否可以改变位置?为什么?

(范红艳)

实验十一　高锰酸钾溶液吸收光谱曲线的绘制

【实验目标】

1. 学会紫外 - 可见分光光度计的使用方法。

2. 学会绘制吸收光谱曲线的方法。

3. 学会根据吸收曲线,找出最大吸收波长。

【实验准备】

1. 仪器:紫外 - 可见分光光度计、电子天平、容量瓶、吸量管、洗耳球。

2. 试剂:$KMnO_4$(A.R.)。

【实验学时】　2 学时

【实验原理】

溶液对光具有选择性吸收,即同一种溶液对不同波长的光的吸收程度不同。通过测量一定浓度的溶液对不同波长单色光的吸光度,以入射光波长(λ)为横坐标,对应的吸光度(A)为纵坐标,在坐标系中找出对应的点描绘吸收光谱曲线。在吸收曲线中,吸收峰最高处所对应的波长称为最大吸收波长(λ_{max})。测定此溶液浓度时,应选择该溶液的λ_{max}作为入射光。

【实验方法与结果】

(一)实验方法

1. 配制标准溶液　精密称取$KMnO_4$试剂0.0125g,置于烧杯中,溶解后,转入100ml容量瓶中加蒸馏水至刻度,摇匀。此时$KMnO_4$溶液的浓度为$0.125g \cdot L^{-1}$。

2. 绘制吸收曲线

(1)精密吸取上述$KMnO_4$溶液20.00mL置于洁净的50ml容量瓶中,加蒸馏水至刻度,摇匀。此时$KMnO_4$溶液的浓度为$50\mu g \cdot ml^{-1}$。将此溶液和参比溶液(蒸馏水)分别置于1cm的比色皿中,并放入紫外-可见分光光度计的吸收池中,按照仪器的使用方法(按照仪器使用说明书)测定吸光度。

(2)从仪器波长420nm或700nm开始,每隔20nm测定一次吸光度,每变换一次波长,都需用蒸馏水作空白,调节透光率为100%后,再测定溶液的吸光度。在520~540nm处,每隔5nm测定一次,记录溶液在不同波长处的吸光度。

(3)以波长为横坐标,吸光度为纵坐标,将测得的吸光度值逐点描绘在坐标纸上,然后将各点连成光滑曲线,即得吸收光谱曲线。

(4)从吸收光谱曲线上找出最大吸收波长(λ_{max})的值。

(二)实验结果

波长(λ)/nm	420	440	460	480	500	520	525	530	535
吸光度(A)									
波长(λ)/nm	540	560	580	600	620	640	660	680	700
吸光度(A)									

【注意事项】

1. 每次读数后应随手打开暗箱盖,光闸自动关闭,以保护光电管。

2. 测定前,先用待测液润洗比色皿2~3次。不能用手捏比色皿的透光玻璃面。

3. 试液应加至比色皿高度的4/5处,加液时要尽量避免溢出,如果池壁上有液滴,应用滤纸吸干。

4. 仪器室内照明不宜太强,避免电扇或空调直接吹向仪器,以免灯发光不稳。

5. 比色皿使用完毕后,请立即用蒸馏水冲洗干净,并用滤纸将水迹擦去,以防止表面光洁度被破坏,影响比色皿的透光率。

6. 要经常检查仪器各个部位放置的干燥剂,发现硅胶变色,应立即更换。

【实验思考】

1. 吸收曲线在实际应用中有何意义?

2. 用不同浓度$KMnO_4$溶液绘制吸收光谱曲线,测得最大吸收波长是否相同?为什么?

3. 改变入射光的波长时,要用参比溶液调节透光率为100%,再测定溶液的吸光度,为什么?

(李　勤)

实验十二　高锰酸钾溶液的含量测定(工作曲线法)

【实验目标】

1. 学会使用紫外 - 可见分光光度计。

2. 学会绘制标准曲线(工作曲线)。

3. 学会测定有色物质含量的方法。

【实验准备】

1. 仪器:紫外 - 可见分光光度计、电子天平、容量瓶、吸量管、洗耳球。

2. 试剂:$KMnO_4$(A.R.)、0.05mol·L^{-1} H_2SO_4 溶液。

【实验学时】 2 学时

【实验原理】

光的吸收定律($A=KcL$)适用一定浓度范围的稀溶液。测定溶液的吸光度时,用最大吸收波长作入射光,若固定吸收池的厚度,则吸光度与溶液的浓度成正比,即:在 A-c 坐标系中,光的吸收定律是一条通过原点的直线,称为标准曲线或工作曲线。根据待测溶液的吸光度,在标准曲线上可找到待测溶液的浓度,从而计算原样品溶液的浓度。

$$c_{原样} = c_{样} × 稀释倍数$$

【实验方法与结果】

(一) 实验内容

1. $KMnO_4$ 标准溶液配制　精密称取 $KMnO_4$ 试剂 0.5000g,置于烧杯中,加少量蒸馏水和 0.05mol·L^{-1} 的 H_2SO_4 溶液 20mL,溶解后,置于 1000ml 容量瓶中加蒸馏水至刻度,摇匀,其浓度 $c_{标}$ 为 0.5000g·L^{-1}。

2. 绘制标准曲线(工作曲线)

(1) 标准系列的配制:取 6 个洁净的 50ml 容量瓶,编号,分别加入上述 $KMnO_4$ 标准溶液 0.00ml、1.00ml、2.00ml、3.00ml、4.00ml、5.00ml,加蒸馏水至刻度,摇匀,放置 5min。

(2) 测定:在 525nm 波长处用 1cm 比色皿,以蒸馏水作空白,测定各溶液的吸光度。以浓度(c)为横坐标、吸光度(A)为纵坐标,绘制标准曲线。

3. $KMnO_4$ 样品溶液的测定　精密吸取 $KMnO_4$ 样品溶液(浓度约为 0.5000mg·mL^{-1})5.00ml,置于 50ml 容量瓶中,加蒸馏水稀释至刻度,摇匀,放置 5min。按测定标准系列吸光度相同的条件和方法,测定样品稀释溶液的吸光度($A_{样}$),在标准曲线上找出 $A_{样}$ 对应的 $c_{样}$ 并计算高锰酸钾样品溶液的浓度($c_{原样}$)。

$$c_{原样} = c_{样} × 10$$

(二) 实验结果

V($KMnO_4$ 标准溶液,ml)	0.00	1.00	2.00	3.00	4.00	5.00
c/mol·L^{-1}						
A						

$c_{样} =$

$c_{原样} =$

【实验思考】

1. 为什么以 $KMnO_4$ 溶液的最大吸收波长作为入射光测定吸光度？

2. 绘制的工作曲线是否通过原点？为什么？

3. 为什么绘制标准曲线和测定试样应在相同条件下进行？这里主要指哪些条件？

【注意事项】

1. 配制标准系列和试样的容量瓶应及时贴上标签,以防混淆。

2. 测定标准系列的吸光度时,应按浓度由稀到浓的顺序依次测定。

3. 及时记录测定的吸光度,根据实验数据在坐标纸上绘制标准曲线。

4. 绘制标准曲线时,单位取整数,间隔要适当。

（李　勤）

实验十三　水中微量锌的含量测定

【实验目标】

1. 认识火焰原子吸收分光光度计的基本结构。

2. 学会使用火焰原子吸收分光光度法进行金属离子的测定。

3. 学会标准加入法测定样品的含量。

【实验准备】

1. 仪器:原子吸收分光光度计、分析天平(或电子天平)、100ml 容量瓶、250ml 烧杯

2. 试剂:锌标准贮备溶液($1mg \cdot ml^{-1}$)、锌标准应用溶液($10\mu g \cdot ml^{-1}$)。

【实验学时】　2 学时

【实验原理】

水中的锌离子在乙炔 - 空气火焰中,经过蒸发、干燥、熔化和离解等复杂过程,最后产生基态锌的蒸气,当从锌空心阴极灯发射出波长为 213.96nm 的锌的特征谱线,经过火焰时被基态锌原子所吸收。在测定条件固定时,吸光度 A 和试液中锌离子浓度 c 成正比:

$$A = Kc$$

用标准加入法进行定量分析。

【实验方法与结果】

(一) 实验方法

1. 仪器的调整和使用

(1) 安装空心阴极灯:调节灯电流至指定值,慢慢转动空心阴极灯,使能量表指针偏转最大。

(2) 单色器波长调节:调节单色器波长至分析线波长处,来回慢慢调节,至能量表指示最大为止。如指针超过蓝区,应调回蓝区。

(3) 燃烧器位置校正:为了使光轴位于燃烧器缝隙的正上方,并使光线通过火焰中原子蒸气浓度的最大部位,应借助于对光板来调整燃烧器位置。光轴应高于灯头 3~6mm。必要时用一标准溶液,测其在不同燃烧器高度时的吸光度,以确定最佳高度。

(4) 点燃火焰:点燃空气 - 乙炔火焰,并调节燃气 - 助燃气比例。在本实验中空气的流

量为 5.5L/min,乙炔的流量为 0.8L/min。

2. 水样的制备

(1) 让自来水龙头开大放水 5 分钟,然后把水接在 250ml 烧杯中。

(2) 在 5 只 100ml 容量瓶中分别移入 25.00ml 自来水。

(3) 在上述容量瓶中,依次移入锌标准应用溶液:0.00ml、1.00ml、2.00ml、4.00ml、6.00ml,用纯化水稀释至标线。

3. 依次从低浓度到高浓度测定吸光度,并记录吸光度。

4. 在坐标纸上用吸光度 A 对浓度 c 作图,从标准加入曲线与横坐标的交点,计算水样中锌的含量。

(二) 实验结果

序号	0	1	2	3	4
浓度(μg/ml)					
吸光度					

试样中 ρ(Zn)(μg/ml)=

【注意事项】

1. 所用纯水均为去离子水。

2. 实验所用玻璃器皿要用 $8mol\cdot L^{-1}$ 硝酸浸泡 24 小时,然后依次用纯化水冲洗,不再用自来水洗涤,以除去玻璃器皿表面吸附的金属离子。

3. 点燃火焰前,必须先打开空气阀门,后打开乙炔阀门;熄灭火焰时,必须先关闭乙炔阀门,后关闭空气阀门。

4. 将波长读数调节到分析线波长处,必要时再对波长进行微调,使能量输出达到最大。

5. 使用空心阴极灯时,灯电流一定不能超过最大电流值。

【实验思考】

1. 空气阴极灯的作用是什么?

2. 狭缝宽度对测定有何影响?

(范红艳)

实验十四　气相色谱法测定酒中甲醇、杂醇油的含量

【实验目标】

1. 学会气相色谱仪的使用。

2. 学会内标法测定酒中甲醇、杂醇油的含量。

【实验准备】

1. 仪器:气相色谱仪(配有氢火焰离子化检测器)、微量进样器(1μl)。

2. 试剂:甲醇、异丁醇、异戊醇(均为色谱纯,用作对照品);乙酸正戊酯(色谱纯,用作内标物);60%(v/v)乙醇(色谱纯)水溶液。

【实验学时】　2 学时

【实验原理】

酒的主要成分是乙醇,俗称酒精。甲醇、杂醇油是评价酒类的重要质量指标。甲醇有毒,

误饮少量(10ml)可致人失明,多量(30ml)可致死。杂醇油是发酵法生产酒精的主要副产物,成分复杂,主要为高级醇类,通常测定异丁醇和异戊醇。酒中杂醇油含量过高,对人体有毒害作用。

本实验采用内标法计算甲醇、异丁醇、异戊醇的含量。样品中乙醇、甲醇、异丁醇、异戊醇及加入的内标物(乙酸正戊酯)在气相色谱仪中通过色谱柱时,由于分配系数不同,相互分离,在本实验中按甲醇、乙醇、异丁醇、内标物(乙酸正戊酯)、异戊醇的顺序先后从色谱柱中流出,再用氢火焰离子化检测器对各组分进行检测,得出各组分的色谱图,记录各组分的峰面积。

现配制已知浓度的对照溶液,加入一定量的内标物(乙酸正戊酯)。再在未知浓度的样品溶液中加入相同量的内标物。将对照溶液和样品溶液分别进样,按下式求出样品溶液中甲醇、异丁醇、异戊醇的浓度:

$$\frac{c_{i\text{样}}}{c_{i\text{对}}}=\frac{(A_i/A_s)_{\text{样}}}{(A_i/A_s)_{\text{对}}}$$

式中 c_i 为被测组分的浓度;A_i 为被测组分的峰面积;A_s 为内标物的峰面积。

【实验方法与结果】

(一) 实验方法

1. 色谱条件

色谱柱:FFAP 毛细管色谱柱(30mm×0.25mm,1μm);程序升温:40℃保持 2 分钟,以20℃/min 升至 100℃,保持 2 分钟,再以 45℃/min 升至 190℃;气化室温度:220℃;检测器温度:300℃;氮气流量:2ml/min;氢气流量:40ml/min;空气流量:400ml/min;尾吹流量:40ml/min;分流比:1∶50;进样体积:1μl。

2. 溶液的配制

(1) 内标物贮备液的配制:精密称取乙酸正戊酯 2.0g,置于 100ml 容量瓶中,用 60% 乙醇稀释至刻度,摇匀。

(2) 对照品贮备液的配制:分别精密称取甲醇、异丁醇、异戊醇各 0.5g,置于 100ml 容量瓶中,用 60% 乙醇稀释至刻度,摇匀。

(3) 对照溶液的配制:分别精密量取 10ml 对照品贮备液及 1ml 内标物贮备液,置于100ml 容量瓶中,用 60% 乙醇稀释至刻度,摇匀。对照溶液中甲醇、异丁醇、异戊醇的浓度均为 0.05g/100ml,乙酸正戊酯的浓度为 0.02g/100ml。

(4) 样品溶液的配制:分别精密量取 50ml 白酒及 1ml 内标物贮备液,置于 100ml 容量瓶中,用 60% 乙醇稀释至刻度。

3. 测定　分别取对照品溶液和样品溶液 1μl 注入气相色谱仪。记录各组分及内标物的峰面积。

4. 计算结果　用内标法计算酒中甲醇、异丁醇、异戊醇的含量。

(二) 实验结果

1. 记录各组分及内标物的保留时间 t_R

测定对象	$t_{R\text{甲醇}}$	$t_{R\text{异丁醇}}$	$t_{R\text{异戊醇}}$	$t_{R\text{内标}}$
对照溶液				
样品溶液				

2. 记录各组分及内标物的峰面积 A

测定对象	$A_{甲醇}$	$A_{异丁醇}$	$A_{异戊醇}$	$A_{内标}$
对照溶液				
样品溶液				

3. 计算各组分与内标物的峰面积比 A_i/A_s

测定对象	$A_{甲醇}/A_{内标}$	$A_{异丁醇}/A_{内标}$	$A_{异戊醇}/A_{内标}$
对照溶液			
样品溶液			

4. 按下式计算样品溶液中甲醇、异丁醇、异戊醇的浓度

$$\frac{c_{i样}}{c_{i对}} = \frac{(A_i/A_s)_{样}}{(A_i/A_s)_{对}}$$

测定对象	$c_{甲醇}$(g/100ml)	$c_{异丁醇}$(g/100ml)	$c_{异戊醇}$(g/100ml)
样品溶液			

5. 按下式计算酒中甲醇、异丁醇、异戊醇的含量

$$c_{原样} = 2 \times c_{样}$$

式中 2 为稀释倍数。

测定对象	$c_{甲醇}$ (g/100ml)	$c_{异丁醇}$ (g/100ml)	$c_{异戊醇}$ (g/100ml)
酒			

【注意事项】

1. 本方法适用于多种类型酒中甲醇、异丁醇、异戊醇的含量的测定,结果用质量浓度表示。

2. 进行气路密封性检查时,应用中性肥皂水检漏,不能用强碱性肥皂水检漏,以免管路受损。

3. 开机时,要先通载气后通电,关机时要先断电源后停气。

【实验思考】

1. 若实验中进样量稍有误差,是否影响定量结果?

2. 若实验中载气的流速稍有变化,是否影响测定结果?

(何应金)

附　录

附录一　弱酸、弱碱在水中的电离常数

化合物	℃	分步	K_a（或 K_b）	pK_a（或 pK_b）	化合物	℃	分步	K_a（或 K_b）	pK_a（或 pK_b）
砷酸	25	1	5.8×10^{-3}	2.24	亚硫酸	18	1	1.20×10^{-2}	1.81
		2	1.1×10^{-7}	6.96			2	6.3×10^{-8}	7.20
		3	3.2×10^{-12}	11.50	氨水	25		1.76×10^{-5}	4.75
亚砷酸	25		6×10^{-10}	9.23	氢氧化钙	25	1	4.0×10^{-2}	1.40
硼酸	20	1	7.3×10^{-10}	9.14		30	2	3.74×10^{-3}	2.43
碳酸	25	1	4.30×10^{-7}	6.37	羟胺	20		1.70×10^{-8}	7.97
		2	5.61×10^{-11}	10.25	氢氧化铅	25		9.6×10^{-4}	3.02
铬酸	25	1	1.8×10^{-1}	0.74	氢氧化银	25		1.1×10^{-4}	3.96
		2	3.20×10^{-7}	6.49	氢氧化锌	25		9.6×10^{-4}	3.02
氢氟酸	25		3.53×10^{-4}	3.45	甲酸	20		1.77×10^{-4}	3.75
氢氰酸	25		4.93×10^{-10}	9.31	乙酸	25		7.76×10^{-5}	4.75
氢硫酸	25	1	9.5×10^{-8}	7.02	枸橼酸	20	1	7.1×10^{-4}	3.14
		2	1.3×10^{-14}	13.9		20	2	1.68×10^{-5}	4.77
过氧化氢	25		2.4×10^{-12}	11.62	乳酸	25		1.4×10^{-4}	3.85
次溴酸	25		2.06×10^{-9}	8.69	草酸	25	1	6.5×10^{-2}	1.19
次氯酸	25		3.0×10^{-8}	7.53		25	2	6.1×10^{-5}	4.21
次碘酸	25		2.3×10^{-11}	10.64	酒石酸	25	1	1.04×10^{-3}	2.98
碘酸	25		1.69×10^{-1}	0.77		25	2	4.55×10^{-5}	4.34
亚硝酸	25		7.1×10^{-4}	3.16	琥珀酸	25	1	6.89×10^{-5}	1.16
高碘酸	25		2.3×10^{-2}	1.64		25	2	2.47×10^{-6}	5.61
磷酸	25	1	7.52×10^{-3}	2.12	甘油磷酸	25	1	3.4×10^{-2}	1.47
	25	2	6.23×10^{-8}	7.21		25	2	6.4×10^{-7}	6.195
	18	3	2.2×10^{-13}	12.66	甘氨酸	25		1.67×10^{-10}	9.78
亚磷酸	18	1	1.0×10^{-2}	2.00	羟基乙酸	25		1.52×10^{-4}	3.82
	18	2	2.6×10^{-7}	6.59	顺丁烯二酸	25	1	1.42×10^{-2}	1.83
焦磷酸	18	1	1.4×10^{-1}	0.85		25	2	8.57×10^{-7}	6.06
	18	2	3.2×10^{-2}	1.49	丙二酸	25	1	1.49×10^{-3}	2.83
		3	1.7×10^{-6}	5.77		25	2	2.03×10^{-6}	5.96
		4	6×10^{-9}	8.22	一氯醋酸	25		1.4×10^{-3}	2.85
硒酸	25	2	1.2×10^{-2}	1.92	三氯醋酸	25		2×10^{-1}	0.7
亚硒酸	25	1	3.5×10^{-3}	2.46	苯甲酸	25		6.46×10^{-5}	409
	25	2	5×10^{-8}	7.31	对羟基苯甲酸	19	1	3.3×10^{-5}	4.48
硅酸	30	1	2.2×10^{-10}	9.66		19	2	4.8×10^{-10}	9.32
		2	1.6×10^{-12}	11.80	邻苯二甲酸	25	1	1.3×10^{-3}	2.89
硫酸	25	2	1.2×10^{-2}	1.92		25	2	3.9×10^{-6}	5.51

附录二　常用式量表

（根据 2005 年公布的原子量计算）

分子式	分子量	分子式	分子量
AgBr	187.77	Al_2O_3	101.96
AgCl	143.32	As_2O_3	197.84
AgI	234.77	$BaCl_2 \cdot 2H_2O$	244.26
$AgNO_3$	169.87	BaO	153.33
$Ba(OH)_2 \cdot 8H_2O$	315.47	$MgCl_2$	95.211
$BaSO_4$	233.39	$MgSO_4 \cdot 7H_2O$	246.48
$CaCO_3$	100.09	$MgNH_4PO_4 \cdot 6H_2O$	245.41
CaO	56.077	MgO	40.304
$Ca(OH)_2$	74.093	$Mg(OH)_2$	58.320
CO_2	44.010	$Mg_2P_2O_7$	222.55
CuO	79.545	$Na_2B_4O_7 \cdot 10H_2O$	381.37
Cu_2O	143.09	NaBr	102.89
$CuSO_4 \cdot 5H_2O$	249.69	NaCl	58.489
FeO	71.844	Na_2CO_3	105.99
Fe_2O_3	159.69	$NaHCO_3$	84.007
$FeSO_4 \cdot 5H_2O$	278.02	$Na_2HPO_4 \cdot 12H_2O$	358.14
$FeSO_4 \cdot (NH_4)_2SO_4 \cdot 6H_2O$	392.14	$NaNO_2$	69.000
H_3BO_3	61.833	Na_2O	61.979
HCl	36.461	NaOH	39.997
$HClO_4$	100.46	$Na_2S_2O_3$	158.11
HNO_3	63.013	$Na_2S_2O_3 \cdot 5H_2O$	248.19
H_2O	18.015	NH_3	17.031
H_2O_2	34.015	NH_4Cl	53.491
H_3PO_4	97.995	NH_4OH	35.046
H_2SO_4	98.080	$(NH_4)_3PO_4 \cdot 12MoO_3$	1876.4
I_2	253.81	$(NH_4)_2SO_4$	132.14
$KAl(SO_4)_2 \cdot 12H_2O$	474.39	P_bCrO_4	323.19
KBr	119.00	PbO_2	239.20
$KBrO_3$	167.00	$PbSO_4$	303.26
KCl	74.551	P_2O_5	141.94
$KClO_4$	138.55	SiO_2	60.085
K_2CO_3	138.21	SO_2	64.065
K_2CrO_4	194.19	SO_3	80.064
$K_2Cr_2O_7$	294.19	ZnO	81.408
KH_2PO_4	136.09	$HC_2H_3O_2$（醋酸）	60.052
$KHSO_4$	136.17	$H_2C_2O_4 \cdot 2H_2O$	126.07
KI	166.00	$KHC_4H_4O_6$（酒石酸氢钾）	188.18
KIO_3	214.00	$KHC_8H_4O_4$（邻苯二甲酸氢钾）	204.22
$KIO_3 \cdot HIO_3$	389.91	$K(SbO)C_4H_4O_6 \cdot 1/2H_2O$（酒石酸锑钾）	333.93
$KMnO_4$	158.03	$Na_2C_2O_4$（草酸钠）	134.00
KNO_2	85.100	$NaC_7H_5O_2$（苯甲酸钠）	144.11
KOH	56.106	$Na_3C_6H_5O_7 \cdot 2H_2O$（枸橼酸钠）	294.12
K_2PtCl_6	486.00	$Na_2H_2C_{10}H_{12}O_8N_2 \cdot 2H_2O$	372.24
KSCN	97.182	EDTA 二钠二水合物	
$MgCO_3$	84.314		

附录三 元素的相对原子质量(2005)

(按照原子序数排列,以 Ar(^{12}C)=12 为基准)

符号	名称	英文名	原子序数	相对原子质量	符号	名称	英文名	原子序数	相对原子质量
H	氢	Hydrogen	1	1.00794(7)	Rb	铷	Rubidium	37	85.4678(3)
He	氦	Helium	2	4.002602(2)	Sr	锶	Strontium	38	87.62(1)
Li	锂	Lithium	3	6.941(2)	Y	钇	Yttrium	39	88.90585(2)
Be	铍	Beryllium	4	9.012182(3)	Zr	锆	Zirconium	40	91.224(2)
B	硼	Boron	5	10.811(7)	Nb	铌	Niobium	41	92.90638(2)
C	碳	Carbon	6	12.0107(8)	Mo	钼	Molybdenium	42	95.94(2)
N	氮	Nitrogen	7	14.0067(2)	Tc	锝	Technetium	43	[98]
O	氧	Oxygen	8	15.9994(3)	Ru	钌	Ruthenium	44	101.07(2)
F	氟	Fluorine	9	18.9984032(5)	Rh	铑	Rhodium	45	102.90550(2)
Ne	氖	Neon	10	20.1797(6)	Rd	钯	Palladium	46	106.42(1)
Na	钠	Sodium	11	22.98976928(2)	Ag	银	Silver	47	107.8682(2)
Mg	镁	Magnesium	12	24.3050(6)	Cd	镉	Cadmium	48	112.411(8)
Al	铝	Aluminum	13	26.9815386(8)	In	铟	Indium	49	114.848(3)
Si	硅	Silicon	14	28.0855(3)	Sn	锡	Tin	50	118.710(7)
P	磷	Phosphorus	15	30.973762(2)	Sb	锑	Antimony	51	121.760(1)
S	硫	Sulphur	16	32.065(5)	Te	碲	Tellurium	52	127.60(3)
Cl	氯	Chlorine	17	35.453(2)	I	碘	Iodine	53	126.90447(3)
Ar	氩	Argon	18	39.948(1)	Xe	氙	Xenon	54	131.293(6)
K	钾	Potassium	19	39.0983(1)	Cs	铯	Caesium	55	132.9054519(2)
Ca	钙	Calcium	20	40.078(4)	Ba	钡	Barium	56	137.327(7)
Sc	钪	Scandium	21	44.955912(6)	La	镧	Lanthanum	57	138.90547(7)
Ti	钛	Titanium	22	47.867(1)	Ce	铈	Cerium	58	140.116(1)
V	钒	Vanadium	23	50.9415(1)	Pr	镨	Praseodymium	59	140.90765(2)
Cr	铬	Chromium	24	51.9961(6)	Nd	钕	Neodymium	60	144.242(3)
Mn	锰	Manganese	25	54.938045(5)	Pm	钷	Promethium	61	[145]
Fe	铁	Iron	26	55.845(2)	Sm	钐	Samarium	62	150.36(2)
Co	钴	Cobalt	27	58.933195(5)	Eu	铕	Europium	63	151.964(1)
Ni	镍	Nickel	28	58.6934(2)	Gd	钆	Gadolinium	64	157.25(3)
Cu	铜	copper	29	63.546(3)	Tb	铽	Terbium	65	158.92535(2)
Zn	锌	Zinc	30	65.409(4)	Dy	镝	Dysprosium	66	162.500(1)
Ga	镓	Gallium	31	69.723(1)	Ho	钬	Holmium	67	164.93032(2)
Ge	锗	Germanium	32	72.64(1)	Er	铒	Erbium	68	167.259(3)
As	砷	Arsenic	33	74.92160(2)	Tm	铥	Thulium	69	168.93421(2)
Se	硒	Selenium	34	78.96(3)	Yb	镱	Ytterbium	70	173.04(3)
Br	溴	Bromine	35	79.904(1)	Lu	镥	Lutetium	71	174.967(1)
Kr	氪	Krypton	36	83.798(2)	Hf	铪	Hafnium	72	178.49(2)
					Ta	钽	Tantalum	73	180.94788(2)

续表

元素			原子序数	相对原子质量	元素			原子序数	相对原子质量
符号	名称	英文名			符号	名称	英文名		
W	钨	Tungsten	74	183.84(1)	Cm	锔	Curium	96	[247]
Re	铼	Rhenium	75	186.207(1)	Bk	锫	Berkelium	97	[247]
Os	锇	Osmium	76	190.23(3)	Cf	锎	Californium	98	[251]
Ir	铱	Iridium	77	192.217(3)	Es	锿	Einsteinium	99	[252]
Pt	铂	Platinum	78	195.084(9)	Fm	镄	Fermium	100	[257]
Au	金	Gold	79	196.966569(4)	Md	钔	Mendelevium	101	[258]
Hg	汞	Mercury	80	200.59(2)	No	锘	Nobelium	102	[259]
Tl	铊	Thallium	81	204.3833(2)	Lr	铹	Lawercium	103	[262]
Pb	铅	Lead	82	207.2(1)	Rf		Rutherfordium	104	[267]
Bi	铋	Bismuth	83	208.98040(1)	Db		Dubnium	105	[268]
Po	钋	Polonium	84	[209]	Sg		Seaborgium	106	[271]
At	砹	Astatine	85	[210]	Bh		Bohrium	107	[272]
Rn	氡	Radon	86	[222]	Hs		Hassium	108	[270]
Fr	钫	Francium	87	[223]	Mt		Meitnerrium	109	[276]
Ra	镭	radium	88	[226]	Ds		Darmatadtium	110	[281]
Ac	锕	Actinium	89	[227]	Rg		Roentgenium	111	[280]
Th	钍	Thorium	90	232.03806(2)	Uub		Ununbium	112	[285]
Pa	镤	Protactinium	91	231.03588(2)	Uut		Ununtrium	113	[284]
U	铀	Uranium	92	238.02891(2)	Uuq		Ununquadium	114	[289]
Np	镎	Neptumium	93	[237]	Uup		Ununpentium	115	[288]
Pu	钚	Plutonium	94	[244]	Uuh		Ununhexium	116	[293]
Am	镅	Americium	95	[243]	Uuo		ununocitium	118	[294]

注：录自 2005 年国际原子量表（IUPAC Commission of Atomic Weights and Isotopic Abundances.Atomic Weights of the elements 2005.*Pure Appl.Chem.*, 2006, 78：2051-2066）。（ ）表示有的是最后一位的不原定性，[　　]中的数值为没有稳定同位素的半衰期最长同位素的质量数。

附录四　常用标准 pH 缓冲溶液的配制（25℃）

名称	pH	配制方法
$0.05 mol \cdot L^{-1}$ 草酸三氢钾	1.68	称取在 54℃±3℃下烘干 4~5 小时的草酸三氢钾（$KH_3(C_2O_4)_2 \cdot 2H_2O$）12.6g，溶于纯化水中，再转移至 1000ml 的容量瓶中，加水稀释至标线，摇匀
$0.034 mol \cdot L^{-1}$ 饱和酒石酸氢钾	3.56	在磨口玻璃瓶中装入纯化水和过量的酒石酸氢钾（$KHC_8H_4O_6$）粉末约 20g 溶于 1000 ml 纯化水中，控制温度在 20℃±5℃，剧烈振摇 20~30 分钟，溶液澄清后，取上清液
$0.05 mol \cdot L^{-1}$ 邻苯二甲酸氢钾	4.00	称取先在 105℃±5℃下烘干 2~3 小时的邻苯二甲酸氢钾（$KHC_8H_4O_4$）10.12g，溶于纯化水中，再转移至 1000ml 的容量瓶中，加水稀释至标线，摇匀
$0.025 mol \cdot L^{-1}$ KH_2PO_4 和 Na_2HPO_4	6.88	分别称取在 115℃±5℃下烘干 2~3 小时的磷酸氢二钠（Na_2HPO_4）3.53g 和磷酸二氢钾（KH_2PO_4）3.39g，溶于纯化水中，再转移至 1000ml 的容量瓶中，加水稀释至标线，摇匀
$0.01 mol \cdot L^{-1}$ 硼砂	9.18	称取硼砂（$Na_2B_4O_7 \cdot 10H_2O$）3.80g（注意：不能烘），溶于纯化水中，再转移至 1000ml 的容量瓶中，加水稀释至标线，摇匀

附录五　试剂的配制

1. 酸、碱试剂溶液

名称	相对密度 (20℃)	浓度 (mol·L^{-1})	质量分数	配制方法
浓盐酸（HCl）	1.19	12	0.3723	
稀盐酸（HCl）	1.10	6	0.200	浓盐酸 500ml,加纯化水稀释至 1000ml
稀盐酸（HCl）	—	3	—	浓盐酸 250ml,加纯化水稀释至 1000ml
稀盐酸（HCl）	1.036	2	0.0715	浓盐酸 167ml,加纯化水稀释至 1000ml
浓硝酸（HNO$_3$）	1.42	16	0.6980	
稀硝酸（HNO$_3$）	1.20	6	0.3236	浓硝酸 375ml,加纯化水稀释至 1000ml
稀硝酸（HNO$_3$）	1.07	2	0.1200	浓硝酸 127ml,加纯化水稀释至 1000ml
浓硫酸（H$_2$SO$_4$）	1.84	18	0.956	
稀硫酸（H$_2$SO$_4$）	1.18	3	0.248	浓硫酸 167ml,慢慢倒入 800ml 纯化水中,并不断搅拌,最后加水稀释至 1000ml
稀硫酸（H$_2$SO$_4$）	1.08	1	0.927	浓硫酸 53ml,慢慢倒入 800ml 纯化水中,并不断搅拌,最后加水稀释至 1000ml
冰醋酸（CH$_3$COOH）	1.05	17	0.995	
稀醋酸（CH$_3$COOH）	—	6	0.350	冰醋酸 353ml,加纯化水稀释至 1000ml
稀醋酸（CH$_3$COOH）	1.016	2	0.1210	冰醋酸 118ml,加纯化水稀释至 1000ml
浓磷酸（H$_3$PO$_4$）	1.69	14.7	0.8509	
浓氨水（NH$_3$·H$_2$O）	0.90	15	0.25~0.27	
稀氨水（NH$_3$·H$_2$O）	—	6	0.10	浓氨水 400ml,加纯化水稀释至 1000ml
稀氨水（NH$_3$·H$_2$O）	—	2	—	浓氨水 133ml,加纯化水稀释至 1000ml
稀氨水（NH$_3$·H$_2$O）	—	1	—	浓氨水 67ml,加纯化水稀释至 1000ml
氢氧化钠（NaOH）	1.22	6	0.197	氢氧化钠 250g,溶于水后,加水稀释至 1000ml
氢氧化钠（NaOH）	—	2	—	氢氧化钠 80g,溶于水后,加水稀释至 1000ml
氢氧化钠（NaOH）	—	1	—	氢氧化钠 40g,溶于水后,加水稀释至 1000ml
氢氧化钾（KOH）	—	2	—	氢氧化钾 112g,溶于水后,加水稀释至 1000ml

2. 指示剂的配制

名称	配制方法
甲基橙	取甲基橙 0.1g,加纯化水 100ml 溶解后,过滤
酚酞	取酚酞 1g,加 95% 乙醇 100ml 溶解
铬酸钾	取铬酸钾 5g,加纯化水溶解,稀释至 100ml
硫酸铁铵	取硫酸铁铵 8g,加纯化水溶解,稀释至 100ml
铬黑 T	取铬黑 T0.2g,溶于 15ml 三乙醇胺及 5ml 甲醇中
钙指示剂	取钙指示剂 0.1g,加氯化钠 10g,混合研磨均匀
淀粉	取淀粉 0.5g,加纯化水 5ml 搅匀后,缓缓加入 100ml 沸水中,随加随搅拌,煮沸 2 分钟,放置室温,取上层清液使用(本液应临用时配制)
碘化钾淀粉	取碘化钾 0.5g,加新制的淀粉指示液 100ml,使其溶解。本液配制 24 小时后,即不能再使用。

3. 洗液的配制　取 10g 工业用重铬酸钾,溶解于 30ml 热水中,冷后,边搅拌边缓缓加入 170ml 浓硫酸,溶液呈暗红色,贮于玻璃瓶中保存。

参 考 文 献

1. 石宝钰.无机与分析化学基础.北京:人民卫生出版社,2008.

2. 谢庆娟,李维斌.分析化学.第 2 版.北京:人民卫生出版社,2013.

3. 谢庆娟.分析化学.第 2 版.北京:人民卫生出版社,2007.

4. 李发美.分析化学.第 7 版.北京:人民卫生出版社,2012.

5. 邱细敏,朱开梅.分析化学.第 3 版.北京:中国医药科技出版社,2012.

6. 李锡霞.分析化学.北京:人民卫生出版社,2002.

7. 全国卫生专业技术资格考试专家委员会.2015 全国卫生专业技术资格考试指导理化检验技术(士、师).北京:人民卫生出版社,2014.

8. 邹学贤.分析化学.北京:人民卫生出版社,2002.

9. 贺志安.检验仪器分析.北京:人民卫生出版社,2010.

10. 杨克敌.2014 预防医学技术习题精选.北京:人民卫生出版社,2013.

11. 周春山,符斌.分析化学简明手册.北京:化学工业出版社,2010.

12. 全国卫生专业技术资格考试专家委员会.2015 全国卫生专业技术资格考试指导临床医学检验(士).北京:人民卫生出版社,2014.

13. 刘辉.2015 全国卫生专业技术资格考试临床医学检验技术(士)模拟试卷.北京:人民卫生出版社,2014.

14. 赵晓华,牛洪波.化学基础与分析技术.北京:中国轻工业出版社,2015.

15. 鲁润化,张春荣,周文峰.分析化学实验.北京:化学工业出版社,2012.

16. 黄宝美,杜军良,吕瑞.分析化学实验.北京:科学出版社,2014.

17. 刘珍.化验员读本.第 4 版.北京:化学工业出版社,2012.

18. 朱开梅,邹继红.分析化学.西安:西安交通大学出版社,2012.

目标测试参考答案

第一章　绪论

一、单项选择题

1. B　　2. A　　3. C　　4. B

二、填空题

5. 定性分析　定量分析　结构分析

6. 滴定分析　重量分析

第二章　定量分析概述

一、单项选择题

1. B　　2. A　　3. E　　4. D　　5. C　　6. B　　7. C　　8. D

二、填空题

9. 正　偏大　负　偏小

10. 系统误差　偶然误差

11. 绝对误差　相对误差　高　低

12. 偏差　重现性　偏差　偏差

13. 四舍六入五留双

三、计算题

14. 4　3　3　5　2　3　4　1

15. 28.74　26.64　10.07　0.3866　2.345×10^{-3}　108.4　328.4　9.986

16. (1)1%　(2)0.1%(3)0.05%

17. 测定结果报告为：$n=5, \bar{x}=35.04\%, RSD=0.31\%$

第三章　滴定分析法概述

一、单项选择题

1. B　　2. C　　3. C　　4. A　　5. D　　6. D　　7. C　　8. D　　9. A　　10. D

11. B　　12. D　　13. B

二、填空题

14. 标准溶液　标准溶液　滴定

15. 酸碱滴定　沉淀滴定　配位滴定　氧化还原滴定

16. 定量　完全　迅速

三、简答题

17. 直接配制法和间接配制法。间接配制法先配成近似于所需浓度的溶液,再用基准物质或另一种标准溶液来确定其准确浓度,即标定,标定可采用基准物质标定法和比较法标定。

18. 基准物质可用于直接配制标准溶液。基准物质必须具备四个条件:①物质的组成要与化学式完全相符。②物质纯度要高,质量分数不低于 0.999。③性质稳定。④具有较大的摩尔质量,以减少称量误差。

19. 当加入的标准溶液与被测组分物质的量之间正好符合化学反应方程式所表示的化学计量关系时，称反应到达化学计量点；在滴定过程中，指示剂恰好发生颜色变化的转变点称为滴定终点；化学计量点是根据化学反应计量关系求得的理论值，而滴定终点是实际滴定时的测得值，两者往往不一致，它们之间存在很小的差别。

四、计算题

20. 0.04945mol/L

21. 0.09040mol/L

22. 0.6680

23. 0.13~0.16g

第四章　酸碱滴定法

一、单项选择题

1. A　2. B　3. C　4. C　5. A　6. A　7. A　8. D　9. D　10. C

11. A　12. B

二、填空题

13. 指示剂的变色范围要全部或部分落在滴定突跃范围内。

14. pH=pK_{Hln} ± 1

15. 除去生成的碳酸钠，使其变为不溶物沉淀于底部

16. $c_a \cdot K_a \geq 10^{-8}$ 且 $K_{a_n}/K_{a_{n+1}} \geq 10^4$；$c_b \cdot K_b \geq 10^{-8}$ 且 $K_{b_n}/K_{b_{n+1}} \geq 10^4$

17. 温度　溶剂　指示剂用量　滴定程序

三、名词解释

18. 指示剂颜色发生改变时的 pH 值

19. 滴定突跃所在的 pH 范围称为滴定突跃范围

20. 在化学计量点附近溶液 pH 值发生的急剧变化，称为滴定突跃。

21. 在酸碱滴定中以消耗的酸（碱）滴定液的体积为横坐标，以溶液的 pH 值为纵坐标作图，所得的曲线称为滴定曲线。

四、简答题

22. 在酸碱滴定中，能使酸碱指示剂发生颜色变化的 pH 范围，称为酸碱指示剂的变色范围，变色范围主要受温度、溶剂、指示剂的用量、滴定程序等因素的影响。

23. 未进行烘干恒重的碳酸钠含有一定量的水分，导致同样量的含水分的碳酸钠所消耗的盐酸滴定液的体积将小于干燥的碳酸钠所消耗的体积，会使最终标定的盐酸滴定液浓度结果偏高。

五、计算题

24. 0.2063mol/L

25. 3.191%

26. 0.41~0.51g

27. 78.87%

第五章　沉淀滴定法

一、单项选择题

1. A　2. B　3. E　4. C　5. B　6. E　7. A　8. B　9. B

二、填空题

10. 提前　延迟

11. 6.5~10.5　$HCrO_4^-$　$Cr_2O_7^{2-}$　AgOH

三、简答题

12. ①沉淀的溶解度必须很小（S<10^{-6}g·ml^{-1}）；②沉淀反应必须迅速、定量地进行；③有适当的方法指示

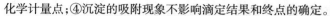

化学计量点;④沉淀的吸附现象不影响滴定结果和终点的确定。

13. 胶粒对指示剂离子的吸附能力应略小于对被测离子的吸附能力。应控制溶液的酸度使有利于指示剂以阴离子的形式存在,且溶液的碱性不能太强,否则 $AgNO_3$ 会生成 $AgOH$ 沉淀进而转化成棕黑色 Ag_2O。

四、计算题

14. 98.7%

15. 10.05%

第六章 配位滴定法

一、单项选择题

1. D　　2. B　　3. B　　4. D　　5. B　　6. A　　7. C　　8. D　　9. A　　10. E

11. A　　12. D　　13. A

二、填空题

14. EBT　7~11　酒红色变为蓝色

15. 七　Y^{4-}

16. $K_稳$　$lgK_稳$

17. 最高 pH

三、计算题

18. 84.16%

19. 301.8 mg/L

第七章 氧化还原滴定法

一、单项选择题

1. C　　2. A　　3. E　　4. B　　5. C　　6. C　　7. B　　8. B　　9. B　　10. D

11. D　　12. B　　13. B　　14. C　　15.C

二、填空题

16. I_2　氧化　酸性　中性　弱碱性　还原　I^-　还原　氧化　$Na_2S_2O_3$　氧化　淀粉　蓝色出现　蓝色消失

17. 间接　$Na_2C_2O_4$　H_2SO_4　微红色

三、简答题

18. 不能用 HNO_3 或 HCl 调节溶液的酸度。因为 HNO_3 具有氧化性,会与被测物反应;而 HCl 具有还原性,能与 $KMnO_4$ 反应。

19. 淀粉指示剂应在近终点时加入。因为加入过早,淀粉能和 I_2 形成大量稳定的蓝色配合物,造成终点变色不敏锐甚至出现较大的终点推迟,产生较大的滴定误差。

20. 增大 I_2 的溶解度,防止 I_2 的挥发。

四、计算题

21. $c_{Na_2S_2O_3} = \dfrac{6 m_{K_2Cr_2O_7} \times 10^3}{M_{K_2Cr_2O_7} V_{Na_2S_2O_3}} = \dfrac{6 \times 0.1228 \times 10^3}{294.18 \times 24.12} = 0.1038\,(mol/L)$

第八章 电位分析法

一、单项选择题

1. A　　2. C　　3. C　　4. D　　5. C　　6. E　　7. B

二、填空题

8. 电位随溶液中待测离子浓度的变化而变化的电极。

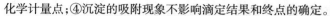129

9. 电位不随待测离子浓度的变化,具有恒定电位的电极。

10. 甘汞电极　玻璃电极

第九章　紫外 - 可见分光光度法

一、单项选择题

1. B　　2. C　　3. D　　4. A　　5. A　　6. B　　7. D　　8. B　　9. B　　10. C

11. A　　12. B　　13. B　　14. A

二、填空题

15. 光源　　单色器　　吸收池　　检测器　　讯号处理和显示器

16. 标准溶液的浓度　　吸光度

三、简答题

17 相同,最大吸收波长只与物质的性质有关而与溶液的浓度无关,浓度只会影响吸光度的绝对值,浓度大,吸光度大。

18. 在此波长下,溶液对光的吸收程度最大,灵敏度最高,测定的准确度也最高。

四、计算题

19. 6.72×10^4 $L \cdot mol^{-1} \cdot cm^{-1}$

第十章　原子吸收分光光度法

一、单项选择题

1. D　　2. A　　3. E　　4. D　　5. A　　6. B　　7. B　　8. B　　9. A

二、填空题

10. 光源　　原子化系统　　分光系统　　检测系统

11. 标准曲线法　　标准加入法　　内标法　　朗伯 - 比尔定律

第十一章　色谱法

一、单项选择题

1. C　　2. A　　3. C　　4. B　　5. E

二、填空题

6. 液相色谱法　　气相色谱法

7. 归一化法　　外标法　　内标法

8. 气路系统　　进样系统　　分离系统　　检测系统　　记录系统

9. 高压输液系统　　进样系统　　分离系统　　检测系统　　记录系统

三、名词解释

10. 峰高:指色谱峰顶点到基线的垂直距离。

11. 峰面积:指色谱峰曲线与基线间所包围的面积。

《分析化学基础》教学大纲

一、课程性质

《分析化学基础》是中等卫生职业教育医学检验技术专业的一门重要专业核心课程。本课程的主要内容是滴定分析及常用的仪器分析。本课程的任务是使学生掌握分析化学的基本理论、基本知识和基本技能,具有独立思考,正确处理分析数据和解决分析化学问题的基本能力,为学习专业课程及从事医学检验技术工作奠定良好的基础。

二、课程目标

通过本课程的学习,学生能够达到下列要求:

(一) 职业素养目标

1. 具有正确的"量"的概念,具有实事求是、科学严谨的工作作风。
2. 具有初步的医学检验职业素质和行为习惯,并具有良好的职业道德观念。
3. 具有良好的人际沟通能力、团队合作精神和服务意识。

(二) 专业知识和技能目标

1. 掌握滴定分析的基本概念和基本理论。
2. 熟悉常用仪器分析的基本概念和基本理论。
3. 熟悉定量分析方法测定物质含量的计算。
4. 了解 pH 计、紫外 - 可见分光光度计、原子吸收分光光度计、气相色谱仪的主要结构和工作原理。
5. 熟练掌握电子天平及滴定分析常用仪器的使用方法。
6. 学会电位分析法、分光光度法、原子吸收分光光度法和气相色谱法的基本操作。
7. 学会观察、记录实验现象,分析实验结果,写出合格的实验报告。

三、教学时间分配

教学内容	学时		
	理论	实践	合计
一、绪论	2	0	2
二、定量分析概述	2	2	4
三、滴定分析法概述	4	2	6
四、酸碱滴定法	4	4	8
五、沉淀滴定法	2	2	4
六、配位滴定法	2	2	4

续表

教学内容	学时		
	理论	实践	合计
七、氧化还原滴定法	2	4	6
八、电位分析法	2	2	4
九、紫外 - 可见分光光度法	4	4	8
十、原子吸收分光光度法	1	2	3
十一、色谱法	3	2	5
机　　动			
合　　计	28	26	54

四、课程内容和要求

单元	教学内容	教学要求	教学活动参考	参考学时	
				理论	实践
一、绪论	（一）分析化学的任务与作用		理论讲授 案例教学 多媒体演示	2	0
	1. 分析化学的任务	熟悉			
	2. 分析化学的作用	了解			
	（二）分析化学方法的分类				
	1. 定性分析、定量分析和结构分析	熟悉			
	2. 化学分析和仪器分析	熟悉			
	3. 常量、半微量、微量与超微量分析	熟悉			
	4. 常量组分分析、微量组分分析和痕量组分分析	熟悉			
	5. 例行分析和仲裁分析	了解			
	（三）分析化学的发展趋势	了解			
二、定量分析概述	（一）定量分析的过程		理论讲授 案例教学 角色扮演 多媒体演示	2	2
	1. 采集试样	了解			
	2. 试样的预处理	了解			
	3. 试样的分解和分离	了解			
	4. 试样的含量测定	了解			
	5. 定量分析结果的计算及评价	了解			
	（二）定量分析的误差与分析数据的处理				
	1. 定量分析的误差	掌握			
	2. 有效数字及其应用	掌握			
	3. 定量分析结果的处理	掌握			
	（三）定量化学分析中的常用仪器				
	1. 电子天平	熟悉			
	2. 常用容量仪器	熟悉			
	实验一：电子天平的称量练习	熟练掌握	技能实践	0	2

续表

单元	教学内容	教学要求	教学活动参考	参考学时 理论	参考学时 实践
三、滴定分析法概述	（一）滴定分析法的基本术语与主要测定方法		理论讲授 多媒体演示 讨论 案例分析	4	2
	1. 基本术语和特点	了解			
	2. 主要测定方法	熟悉			
	（二）滴定分析法的条件与滴定方式				
	1. 滴定反应的条件	掌握			
	2. 滴定方式	了解			
	（三）标准溶液与基准物质				
	1. 标准溶液浓度的表示方法	掌握			
	2. 基准物质	熟悉			
	3. 标准溶液的配制	熟悉			
	（四）滴定分析的计算				
	1. 滴定分析计算的依据	掌握			
	2. 滴定分析计算的基本公式	掌握			
	3. 滴定分析计算示例	掌握			
	实验二：滴定分析仪器的洗涤和使用练习	熟练掌握	技能实践	0	2
四、酸碱滴定法	（一）酸碱指示剂		理论讲授 多媒体演示 讨论 案例分析	4	4
	1. 指示剂的变色原理	掌握			
	2. 指示剂的变色范围	了解			
	3. 影响酸碱指示剂变色范围的因素	了解			
	（二）酸碱滴定类型及指示剂的选择				
	1. 强酸强碱的滴定	掌握			
	2. 一元弱酸（弱碱）的滴定	熟悉			
	3. 多元酸（碱）的滴定	了解			
	（三）酸碱标准溶液的配制与标定				
	1. 0.1mol/LHCl 标准溶液	熟悉			
	2. 0.1mol/LNaOH 标准溶液	熟悉			
	实验三：酸碱滴定练习	学会	技能实践	0	2
	实验四：酸碱滴定液的配制与标定	学会	技能实践	0	2
五、沉淀滴定法	（一）概述	熟悉	理论讲授 多媒体演示 讨论 案例分析	2	2
	（二）银量法				
	1. 铬酸钾指示剂法	掌握			
	2. 吸附指示剂法	熟悉			
	（三）标准溶液的配制和标定				
	1. 硝酸银标准溶液的配制	熟悉			
	2. 硝酸银标准溶液的标定	熟悉			
	实验五：生理盐水中氯化钠含量的测定	学会	技能实践	0	2

单元	教学内容	教学要求	教学活动参考	参考学时	
				理论	实践
六、配位滴定法	（一）乙二胺四乙酸		理论讲授 多媒体演示 讨论 案例分析	2	2
	1. 乙二胺四乙酸的性质	熟悉			
	2. EDTA 与金属离子形成配合物的特点	掌握			
	3. 影响 EDTA 与金属离子配合物稳定性的因素	熟悉			
	（二）金属指示剂				
	1. 金属指示剂的作用原理	掌握			
	2. 常用的金属指示剂	了解			
	（三）标准溶液的配制与标定				
	1. 0.05mol/LEDTA 标准溶液的配制	熟悉			
	2. 0.05mol/LEDTA 标准溶液的标定	熟悉			
	实验六:EDTA 标准溶液的配制与标定	学会	技能实践	0	1
	实验七:水的总硬度测定	学会	技能实践	0	1
七、氧化还原滴定法	（一）概述		理论讲授 多媒体演示 讨论 案例分析	2	4
	1. 氧化还原滴定法的特点及分类	了解			
	2. 提高氧化还原反应速率的措施	了解			
	（二）碘量法				
	1. 直接碘量法	掌握			
	2. 间接碘量法	掌握			
	（三）高锰酸钾法				
	1. 原理	掌握			
	2. 条件	掌握			
	3. 指示剂	掌握			
	4. 标准溶液	熟悉			
	实验八:过氧化氢含量的测定	学会	技能实践	0	2
	实验九:维生素 C 含量的测定	学会	技能实践	0	2
八、电位分析法	（一）参比电极和指示电极		理论讲授 多媒体演示 讨论 案例分析	2	2
	1. 参比电极	熟悉			
	2. 指示电极	熟悉			
	（二）直接电位法				
	1. 电位法测定溶液的 pH	熟悉			
	2. 其他离子浓度的测定	了解			
	实验十:饮用水 pH 的测定	学会	技能实践	0	2
九、紫外 - 可见分光光度法	（一）概述	了解	理论讲授 多媒体演示 讨论 案例分析	4	4
	（二）基础知识				
	1. 光的本质与颜色	了解			
	2. 光的吸收定律	掌握			
	3. 吸收光谱曲线	熟悉			
	（三）紫外 - 可见分光光度计				
	1. 光源	熟悉			
	2. 单色器	熟悉			

续表

单元	教学内容	教学要求	教学活动参考	参考学时 理论	参考学时 实践
九、紫外-可见分光光度法	3. 吸收池	熟悉			
	4. 检测器	熟悉			
	5. 显示器	了解			
	（四）定量分析方法				
	1. 标准曲线法	掌握			
	2. 比较法	掌握			
	（五）测定误差与测量条件的选择				
	1. 误差的来源	了解			
	2. 显色反应	了解			
	3. 测量条件的选择	了解			
	实验十一:高锰酸钾溶液吸收光谱曲线的绘制	学会	技能实践	0	2
	实验十二:高锰酸钾溶液的含量测定(工作曲线)	学会	技能实践	0	2
十、原子吸收分光光度法	（一）概述		理论讲授 多媒体演示 讨论 案例分析	1	2
	1. 特点	了解			
	2. 基本原理	熟悉			
	（二）原子吸收分光光度计				
	1. 光源	了解			
	2. 原子化系统	了解			
	3. 分光系统	了解			
	4. 检测系统	了解			
	（三）定量方法				
	1. 标准曲线法	了解			
	2. 标准加入法	了解			
	实验十三:水中微量锌的含量测定	学会	技能实践	0	2
十一、色谱法	（一）概述		理论讲授 多媒体演示 讨论 案例分析	3	2
	1. 色谱过程	熟悉			
	2. 色谱法的分类及特点	了解			
	（二）气相色谱法				
	1. 特点及其分类	了解			
	2. 气相色谱仪的基本结构	熟悉			
	3. 色谱流出曲线	熟悉			
	4. 定性方法	了解			
	5. 定量方法	了解			
	（三）高效液相色谱法				
	1. 特点及分类	了解			
	2. 高效液相色谱法与气相色谱法的比较	了解			
	3. 高效液相色谱仪的基本结构	了解			
	4. 定性方法	了解			
	5. 定量方法	了解			
	实验十四:气相色谱法测定酒中甲醇、杂醇油的含量	学会	技能实践	0	2

五、说明

（一）教学安排

本教学大纲主要供中等卫生职业教育医学检验技术专业教学使用,第3学期开设,总学时为54学时,其中理论教学28学时,实践教学26学时。学分为3学分。

（二）教学要求

1. 本课程对理论部分教学要求分为掌握、熟悉、了解3个层次。掌握:指对基本知识、基本理论有较深刻的认识,并能综合、灵活地运用所学的知识解决实际问题。熟悉:指能够领会概念、原理的基本含义,解释现象。了解:指对基本知识、基本理论能有一定的认识,能够记忆所学的知识要点。

2. 本课程重点突出以岗位胜任力为导向的教学理念,在实践技能方面分为熟练掌握和学会2个层次。熟练掌握:指能独立、规范地解决分析化学中的实际问题,完成分析化学基本操作。学会:指在教师的指导下能初步实施分析化学的基本操作。

（三）教学建议

1. 本课程依据医学检验技术岗位的工作任务、职业能力要求,强化理论实践一体化,突出"做中学、做中教"的职业教育特色,根据培养目标、教学内容和学生的学习特点以及职业资格考试要求,提倡项目教学、案例教学、任务教学、角色扮演、情境教学等方法,利用校内外实训基地,将学生的自主学习、合作学习和教师引导教学等教学组织形式有机结合。

2. 教学过程中,可通过测验、观察记录、技能考核和理论考试等多种形式对学生的职业素养、专业知识和技能进行综合考评。应体现评价主体的多元化,评价过程的多元化,评价方式的多元化。评价内容不仅关注学生对知识的理解和技能的掌握,更要关注知识在医学检验技术实践中运用与解决实际问题的能力水平,重视医学检验技术职业素质的形成。